U0307514

实物地质资料管理系列成果

危机矿山接替资源勘查实物地质资料采集

刘凤民　夏浩东　刘晓文
易锦俊　赵晓青　张业成　等　著

地质出版社

·北　京·

内 容 提 要

本书介绍了危机矿山勘查实物地质资料筛选依据与筛选方法，总结了采集内容、工作流程及采集成果，列举了部分代表性矿床实物地质资料采集实例。

本书可供从事实物地质资料管理及矿产地质勘查与研究的人员参考。

图书在版编目（CIP）数据

危机矿山接替资源勘查实物地质资料采集／刘凤民
等著. —北京：地质出版社，2015.4
ISBN 978－7－116－09230－3

Ⅰ.①危… Ⅱ.①刘… Ⅲ.①找矿－研究 Ⅳ.
①P624

中国版本图书馆 CIP 数据核字（2015）第 074287 号

责任编辑：孙亚芸
责任校对：张 冬
出版发行：地质出版社
社址邮编：北京海淀区学院路 31 号，100083
咨询电话：(010)66554642（邮购部）；(010)66554633(编辑室)
网 址：http://www.gph.com.cn
传 真：(010)66554686
印 刷：北京地大天成印务有限公司
开 本：787mm×1092mm ¹⁄₁₆
印 张：5.5
字 数：130 千字
版 次：2015 年 4 月北京第 1 版
印 次：2015 年 4 月北京第 1 次印刷
定 价：38.00 元
审 图 号：GS（2015）673 号
书 号：ISBN 978－7－116－09230－3

（如对本书有建议或意见，敬请致电本社；如本书有印装问题，本社负责调换）

前　　言

本书是在国土资源实物地质资料中心完成的《危机矿山勘查项目成果集成》研究报告的基础上编写而成。

《危机矿山勘查项目成果集成》项目是全国危机矿山接替资源找矿项目办公室下达的综合研究类项目。项目的总体目标任务是：全面跟踪全国危机矿山接替资源找矿勘查项目实施进展，系统收集全国主要固体矿产大中型矿山的重要实物地质资料，对所收集实物地质资料进行初步研究与成果集成，为全国危机矿山接替资源找矿专项提供实物成果资料，服务于社会。项目规定的预期成果为：完成典型矿山实物地质资料收集、整理、入库和建档工作；编制相关汇总图表，提交项目成果报告；完成全国危机矿山接替资源找矿专项实物地质资料的展览展示。

在全国危机矿山接替资源找矿项目办公室领导下，实物地质资料中心精心组织实施本项目工作，在各省（区、市）危矿勘查行政主管部门以及危矿勘查单位、矿山和许多专家支持帮助下，全面完成了各项任务：共采集了 116 个典型矿山的 254 个钻孔 125469.2m 岩心、3811 件系列标本、174 块大标本；另外还采集了 40 个重点煤矿区的 106 件代表性样品，155 块非金属、稀有金属矿物标本，79 块金属矿物晶体标本；对这些实物地质资料进行了整理和数字化，建立了实物成果档案。

本项目成果具有多方面意义：第一，首次系统收集了我国典型矿山实物地质资料，使全国危机矿山接替资源找矿项目勘查取得的重要实物地质资料得到有效保管，防止实物损毁流失；第二，对实物地质资料进行了系统整理，形成了完整的危机矿山勘查实物成果档案和信息资源，更加充分而又直观地反映了危机矿山勘查取得的突破性进展；第三，促进了国土资源实物地质资料中心的馆藏管理工作，丰富了国家馆库藏资源，初步形成了典型矿山实物地质资料体系，为拓展实物地质资料服务领域，提升服务能力提供了基础；第四，本项目建立的实物地质资料采集工作模式与工作机制，为其他专项实物地质资料汇交管理提供了有益的经验；第五，本项目建立了一套完整的实物地质资料筛选采集技术方法，可推广应用，从而推动全国实物地质资料管理工作，提高科学化、规范化水平。

本项目成果得到全国危机矿山接替资源找矿项目办公室办和行政主管部门的充分肯定，实物地质资料中心被国土资源部评为"全国危机矿山接替资源找矿先进集体"。

项目成果报告主要编写人包括李寅、刘凤民、夏浩东、舒斌、任香爱、刘晓文、张立海、吴海、易锦俊等。在项目成果报告的基础上，选取部分章节，经综合加工，形成本书。本书主要编写人包括刘凤民、夏浩东、刘晓文、易锦俊、赵晓青、张业成。

限于编者水平，书中难免存在疏漏和不足，恳请读者提出宝贵意见。

作者

2014.10

目　　录

第1章　实物地质资料筛选

1.1　筛选目的与任务

全国危机矿山勘查专项共实施了 230 个勘查项目，完成钻探工作量 $248.8 \times 10^4 \mathrm{m}$，产生了大量岩矿心等实物地质资料。面对如此巨量的实物地质资料，不可能也没必要把所有勘查项目的实物地质资料全部收集保管；即使在采集实物地质资料的项目中，也没必要将该项目中所有钻孔的岩矿心都予以收集保管，只能从各个项目和同一项目中筛选最重要的实物地质资料予以收集、保管。因此，筛选是本项目的首要基础工作，其目的任务是按照一定原则和依据首先筛选采集实物地质资料的勘查项目，然后进一步筛选该勘查项目的钻孔岩矿心，确保实物地质资料的典型性、代表性。

1.2　筛选步骤与筛选依据

入选的实物地质资料以类型典型、成果突出、资料完备为总原则。收藏的实物地质资料要具有代表性、典型性，能充分反映矿山（矿区）地质矿产特征和危机矿山勘查重要成果，符合国家馆库藏体系建设的需要，能为地质找矿和科学研究等提供公益服务。

实物地质资料的筛选分两步进行：首先是矿山（或危机矿山勘查项目）筛选，然后是矿山（或项目）内实物地质资料的筛选，主要指钻孔岩心的筛选。矿山的筛选是实物地质资料筛选的主要工作，而钻孔岩心的筛选是实物地质资料采集成功的保证。

1.2.1　矿山筛选因素

矿山的筛选主要从以下几个方面考虑：

矿床规模。从矿床规模考虑，重点收藏超大型、大型矿床，选择性收藏具有特殊意义的中、小型矿床。大型、超大型矿床的矿产储量和经济价值巨大，往往具有独特的和复杂的地质成因和赋存条件，它们对于揭示矿床成矿规律、发展矿床成因理论研究具有非常重要的意义。

成因类型。从成因类型考虑，重点收集成因类型典型的矿床，力求涵盖各矿种的主要成因类型矿床。典型矿床一般研究程度很高，矿石特征明显，成因标志清楚，在同类型的矿床中具有典型性和代表性，代表了该类型矿床的地质找矿和科学研究水平，其实物具有很高的观赏、教学和科研价值，是极其重要的馆藏档案资料；同时为了形成完整的库藏体系，也需要选择性收藏其他具有重要或特殊意义的矿床，包括具有成因意义、矿物学意义的矿床；发现的新成因类型、新矿种矿床。

矿种。从矿种考虑，一是重点考虑重要矿种的代表性矿床，如铁、铜、钨、金矿等，这些矿产对国民经济和国家建设影响重大，也是我国紧缺的战略资源；二是按照危机矿山项目在不同矿种上的部署力度，全面考虑不同矿种的代表性矿床，保证危机矿山勘查实物地质资料的系统性和完整性。

矿床分布。按矿床分布，一是指筛选时要能够反映各矿种矿床的分布特点，包括各矿种的地理分布、成矿时代分布和空间分布；二是要能够反映重要矿种的主要成矿时代、不同成矿区带内有代表性的矿床、不同省份的主要矿产。

找矿成果突出的矿床。跟踪危机矿山找矿工作进展，重点收藏取得重要进展甚至有突破性发现的矿床，以反映危机矿山勘查工作在扩大矿产资源、创新方法和找矿理论等方面取得的突破性进展。如广西南丹县铜坑锡矿探获 333 金属量：锡 $2.70 \times 10^4 t$，铅 $9.92 \times 10^4 t$，锌 $262.66 \times 10^4 t$，锑 $1.36 \times 10^4 t$，铜 $10.71 \times 10^4 t$，银 2199t，使得项目实施后矿山保有储量急剧增加；湖南黄沙坪铅锌矿，新发现了较大规模的钨钼多金属矿体，具有形成以铅锌钨钼为主的特大型多金属矿床的前景，新增 333 + 332 资源量：WO_3 $13.04 \times 10^4 t$，钼金属量 $3.84 \times 10^4 t$，铋金属量 $3.98 \times 10^4 t$，锡金属量 $13.08 \times 10^4 t$，铜铅锌金属量 $54.08 \times 10^4 t$ 等，能够延长矿山服务年限 70 年。

综上所述，入选的矿山应该符合以下特点中的一个或多个：①危机矿山勘查取得突破的矿山的代表性实物地质资料；②大型、超大型矿床实物地质资料；③重要矿种的代表性实物地质资料；④重要矿种主要成因类型矿床的代表性实物地质资料；⑤主要矿种主要成矿时代矿床的实物地质资料；⑥不同成矿区带内有代表性的矿床实物地质资料；⑦其他具有重要或者特殊意义的矿床实物地质资料——主要包括具有重要特殊成因意义、矿物学意义的矿床，在矿业开发史上有重要意义的矿床，新矿床类型、新矿种类型的矿床等。

1.2.2 钻孔（岩心）筛选因素

每个项目中实施的钻孔数量较多，对于国家实物地质资料库而言，不可能也没有必要全部保存这些钻孔岩心，因此，需要从这些钻孔（岩心）中精选出具有代表性的部分进行收藏。钻孔筛选从以下几个方面考虑：

勘探剖面。筛选时应首先对勘探剖面进行选择，选定勘探剖面后再选择其中的重要钻孔。勘探剖面选择一般为主勘探线，或矿体连续性较好的勘探线。视勘探工作部署情况，可以只选择一条勘探线，也可多选，或选择十字形勘探线。

矿床地质特征。钻孔（岩心）筛选应以反映矿床的总体地质特征为基本原则。首先考虑选择穿过主要矿体的钻孔，同时兼顾次要矿体；应控制较齐全各类围岩和尽可能多的矿石类型；尽可能包括主要蚀变类型，特别是与成矿关系最密切的蚀变类型；由成矿系列构成的复合型矿床，筛选的钻孔应全面反映主要矿床类型。

岩心采取率。筛选时尽量选择岩矿心采取率高的钻孔，至少要达到一般工艺要求，即岩心采取率不小于 65%，矿心采取率不小于 80%，对特殊矿种（如岩金矿岩）要求更高一些。

资料的完整性。挑选的钻孔要有完好的全孔岩矿心，要有完整岩心编录、取样化验测试、相关地质图件、工程部署等各类相关资料。

1.3 筛选方法与工作流程

筛选流程为：资料信息收集→咨询专家→会议讨论、确定目标→实地调研→确定钻孔（岩心）。

收集资料。 通过多种渠道和方法收集相关文本、电子资料、图件和信息，掌握危机矿山勘查项目工作部署，汇总分析各找矿项目的成果进展信息和实物产生状况，了解重点关注矿山的有关信息。

咨询专家，研究讨论。 采用电话、信函、实地接洽等方式咨询专家，充分发挥全国危机矿山接替资源找矿项目办公室所属专家、各地区部门的行业专家、学者的作用，了解各矿山地质特征，初步筛选出矿山名录。

确定采集实物地质资料的矿山（或项目）。 汇总掌握的各方面资料，组织专项研讨会，论证实物地质资料筛选原则、依据，确定矿山采集名录。

实地调研。 通过赴矿山实地考察，与矿山有关负责人沟通，掌握筛选目标的项目进展和实物地质资料产生状况，了解实物的有关情况（保存完好性、是否缩减、保存地点、可收集性等）。

确定采集岩心的钻孔。 通过咨询监审专家以及组织研讨会的形式，筛选（矿山）代表性钻孔（岩心）。

1.4 筛选结果

1.4.1 筛选矿山名录

在危机矿山勘查项目中，除煤矿外（煤矿由于钻孔岩心部分多被取样测试所破坏，故未做岩心实物地质资料筛选采集），共预选出164个重要矿山作为采集对象，这些矿山分布在26个省（区），涵盖了铁、铜、金、铅锌、钨、锡、钼、锑等主要矿种（表1.1）。对这164个矿山进一步调研落实后，采集了116个典型矿山的实物地质资料。

表1.1 危机矿山勘查专项实物地质资料筛选目录

序号	省（区）	项目名称	入选理由
1		河北省承德市黑山铁矿接替资源勘查	典型的"大庙式"铁矿
2		河北省迁西县金厂峪金矿接替资源勘查	冀东地区发现的规模最大的金矿床
3		河北省张家口小营盘金矿接替资源勘查	深变质绿岩带中的特大型石英脉状金矿床
4	河北	河北省迁安市首钢迁安铁矿接替资源勘查	沉积变质铁矿的代表
5		河北省灵寿县石湖金矿接替资源勘查	典型的中温热液型脉状金矿，受构造控制
6		河北省武安市西石门铁矿接替资源勘查	典型的"邯邢式"铁矿
7		河北省张家口市张家口金矿接替资源勘查	我国一个重要黄金产地，与小营盘金矿类型相同
8		山西省灵丘县支家地铅锌银矿接替资源勘查	有热液充填型和隐爆角砾岩型两种矿体

序号	省（区）	项目名称	入选理由
9	山西	山西省垣曲县胡家峪铜矿接替资源勘查	中条山地区胡篦型铜矿床中代表性矿床
10		山西省灵丘县刁泉银铜矿接替资源勘查	山西地区的大型矽卡岩型银铜多金属矿床
11		山西省孝义市白居庄铝土矿接替资源勘查	典型的奥陶系灰岩沉积矿床，厚度大，层位稳定，含铝量高
12		山西省绛县后山铜矿接替资源勘查	变质岩层状铜矿床
13		山西省浮山市二峰山铁矿接替资源勘查	山西境内典型的矽卡岩型磁铁矿床
14	山东	山东省莱州市三山岛金矿接替资源勘查	特大型破碎蚀变岩型金矿，"焦家式"金矿
15		山东省莱州市新城金矿接替资源勘查	典型的"焦家式"金矿
16		山东省招远市金翅岭金矿接替资源勘查	典型的"玲珑式"金矿
17		山东省烟台市牟平区邓格庄金矿接替资源勘查	典型的"玲珑式"金矿
18		山东省招远市玲珑金矿接替资源勘查	超大型石英脉型金矿
19		山东省淄博市金岭铁矿接替资源勘查	山东境内的典型矽卡岩型铁矿床
20		山东省乳山市金青顶、三甲金矿接替资源勘查	我国最大的石英单脉型金矿
21		山东省招远市蚕庄金矿接替资源勘查	大型破碎蚀变岩型金矿
22		山东省乳山市大业金矿接替资源勘查	大型破碎蚀变岩型金矿
23	河南	河南省灵宝市大湖金矿接替资源勘查	较典型的破碎蚀变岩型金矿
24		河南省灵宝市灵湖金矿接替资源勘查	较典型的破碎蚀变岩型金矿
25		河南省灵宝市秦岭金矿接替资源勘查	典型的含金石英脉矿床
26		河南省嵩县祁雨沟金矿接替资源勘查	典型的次火山热液型金矿（爆破角砾岩型）
27		河南省洛宁县上宫金矿接替资源勘查	东秦岭熊耳地体典型的构造蚀变岩型金矿
28		河南省偃师市夹沟铝土矿接替资源勘查	参店－龙门铝土矿带的大型钙红土沉积矿床
29		河南省桐柏县银洞坡金矿接替资源勘查	秦岭地区大型变质碎屑岩型金矿床
30		河南省灵宝市文峪金矿东闯矿区接替资源勘查	小秦岭金矿带内著名的大型石英脉型矿床
31		河南省嵩县庙岭金矿接替资源勘查	大型破碎带蚀变岩型金矿床
32		河南省灵宝市安底金矿接替资源勘查	大型石英脉型金矿床
33		河南省灵宝市金渠金矿接替资源勘查	大型石英脉－构造蚀变岩金矿
34	内蒙古	内蒙古自治区四子王旗白乃庙铜矿接替资源勘查	大型变质岩层状铜矿床，成因复杂
35		内蒙古自治区赤峰市大井银铜矿接替资源勘查	典型的热液脉型银铜矿床
36		内蒙古自治区包头哈达门－乌拉山金矿接替资源勘查	中国超大型金矿之一，乌拉山地区典型的石英脉金矿
37		内蒙古自治区敖汉旗金厂沟梁金矿接替资源勘查	大型金矿床，矿体由含金石英脉和含金蚀变岩带组成
38		内蒙古自治区苏尼特右旗金曦金矿接替资源勘查	内蒙古典型的次火山－热液型金矿
39		内蒙古自治区赤峰市白音诺尔铅锌矿接替资源勘查	中国北方少见的大型铅锌金属矿床

序号	省（区）	项目名称	入选理由
40		辽宁省阜新市排山楼金矿接替资源勘查	规模较大的与韧性剪切带有关的金矿床之一
41		辽宁省凤城市青城子铅锌矿接替资源勘查	青城子矿田是辽东裂谷著名矿床，与层控有关的脉状铅锌矿
42		辽宁省凤城市白云金矿接替资源勘查	青城子矿田外围的大型独立岩金矿床
43		辽宁省辽阳市弓长岭铁矿接替资源勘查	产于鞍－本地区的大型沉积变质型铁矿床，典型的"鞍山式"铁矿
44	辽宁	辽宁省鞍山市砬子山铁矿接替资源勘查	产于鞍－本地区的大型沉积变质型铁矿床，典型"鞍山式"铁矿
45		辽宁省抚顺市红透山铜锌矿接替资源勘查	"红透山式"块状硫化物铜锌矿床，变质岩层状铜矿床
46		辽宁省葫芦岛市兰家沟钼矿接替资源勘查	杨家杖子－八家子钼多金属成矿带内典型钼矿床之一
47		辽宁省丹东市五龙金矿接替资源勘查	丹东典型的石英脉型金矿
48		辽宁省凤城市金凤金矿接替资源勘查	典型的层间硅化蚀变岩型矿床
49		吉林省桦甸市夹皮沟金矿接替资源勘查	桦甸矿集区的代表性石英脉型金矿，黄金生产重要矿山之一
50	吉林	吉林省磐石市红旗岭镍矿接替资源勘查	大型铜镍矿床，岩浆深部熔离－贯入矿床
51		吉林省安图县海沟金矿接替资源勘查	大型石英脉型金矿床，桦甸金矿集区的重要组成部分
52		黑龙江省宝清县老柞山金矿接替资源勘查	与韧性剪切带有关的大型沉积－变质金矿床
53		黑龙江省穆棱市中兴石墨矿接替资源勘查	大型石墨矿床，国家实物地质资料库实物地质资料体系建设缺少的非金属矿床
54	黑龙江	黑龙江省嫩江县多宝山铜矿接替资源勘查	特大型斑岩铜钼矿床
55		黑龙江省嘉荫县乌拉嘎金矿接替资源勘查	成因类型独特的大型金矿，与斑岩有关的浅成低温热液矿床
56		安徽省铜陵市铜山铜矿接替资源勘查	铜陵矿集区大型矽卡岩型铜矿
57		安徽省马鞍山市和尚桥铁矿接替资源勘查	"陶村式"铁矿床之一
58		安徽省繁昌县桃冲铁矿接替资源勘查	典型的矽卡岩型铁矿
59		安徽省铜陵市黄狮涝金矿接替资源勘查	迄今为止长江中下游地区发现的具有较大规模的铁帽型金矿
60	安徽	安徽省马鞍山市黄梅山铁矿接替资源勘查	"陶村式"铁矿床之一
61		安徽省马鞍山市东山铁矿接替资源勘查	"凹山式铁矿"之一
62		安徽省铜陵市安庆铜矿接替资源勘查	长江中下游规模最大的铜矿床
63		安徽省铜陵市金口岭铜矿接替资源勘查	典型的矽卡岩型铜矿床
64		安徽省铜陵市凤凰山铜矿接替资源勘查	铜陵矿集区重要矽卡岩型铜矿
65		安徽省铜陵市天马山金矿接替资源勘查	铜陵矿集区重要矽卡岩型金矿

序号	省（区）	项目名称	入选理由
66	江苏	江苏省南京市栖霞山铅锌矿接替资源勘查	华东地区储量最多的大型铅锌银矿床，成因类型复杂
67		江苏省连云港市锦屏磷矿接替资源勘查	我国重要的磷矿床，典型的浅海相沉积变质磷灰岩矿床
68		江苏省南京市梅山铁矿接替资源勘查	"梅山式"铁矿床
69		江苏省南京市韦岗铁矿接替资源勘查	重要的矽卡岩型铁矿
70		江苏省连云港市新浦磷矿接替资源勘查	典型的浅海相沉积变质磷矿床
71		江苏省徐州市利国铁矿接替资源勘查	重要的矽卡岩型铁矿
72		江苏省苏州市阳山涂料级高岭土矿接替资源勘查	全国最大的高岭土矿床之一
73		江苏省南京市冶山铁矿接替资源勘查	重要矽卡岩型铁矿，历史悠久
74	江西	江西省德兴市银山铜铅锌矿接替资源勘查	燕山期中酸性与陆相火山－次火山作用有关的热液型铜铅锌多金属矿床
75		江西省德兴市金山金矿接替资源勘查	赣东北地区大型独立金矿床，韧性剪切带型变质热液矿床
76		江西省大余县西华山钨矿接替资源勘查	石英脉型黑钨矿的代表
77		江西省定南县岿美山钨矿接替资源勘查	赣南钨矿的一个典型矿床
78		江西省新余市良山铁矿接替资源勘查	"新余式"（类似"鞍山式"）铁矿，江西省最大的贫磁矿床
79		江西省兴国县画眉坳钨矿接替资源勘查	赣南钨矿的一个典型矿床
80		江西省大余县荡坪钨矿接替资源勘查	典型的云英岩型钨矿床
81		江西省安福县浒坑钨矿接替资源勘查	典型的石英脉型钨矿
82	湖北	湖北省大冶市铜录山铜矿接替资源勘查	湖北典型的矽卡岩型铜矿
83		湖北省大冶市鸡冠嘴铜金矿接替资源勘查	典型的矽卡岩型铜多金属矿
84		湖北省阳新县丰山铜矿接替资源勘查	长江中下游铁铜矿带中一个重要的铜矿
85		湖北省黄石市大冶铁矿接替资源勘查	"大冶式"铁矿的代表
86		湖北省黄石市金山店铁矿接替资源勘查	大冶矿区重要的铁矿之一
87		湖北省宜昌市樟村坪磷矿接替资源勘查	鄂西地区大型沉积磷块岩矿床
88		湖北省荆门市放马山磷矿接替资源勘查	鄂西地区大型沉积磷块岩矿床
89		湖北省宜昌市金昌石墨矿接替资源勘查	华中地区唯一大鳞片石墨产地
90		湖北省钟祥市大峪口磷矿接替资源勘查	鄂西地区大型沉积磷块岩矿床
91		湖北省阳新县鸡笼山金铜矿接替资源勘查	典型的矽卡岩型金铜矿床
92	湖南	湖南省湘潭市湘潭锰矿接替资源勘查	大型浅海相沉积型锰矿床，素有"中国锰都"之称
93		湖南省沅陵县沃溪金锑钨矿接替资源勘查	著名的"湘西金矿"，大型中－低温热液金锑钨矿床

序号	省（区）	项目名称	入选理由
94	湖南	湖南省常宁水口山康家湾铅锌银矿接替资源勘查	中国特大型铅锌银矿基地
95		湖南省桂阳县黄沙坪铅锌矿接替资源勘查	南岭多金属成矿带内重要的特大型铅锌钨钼多金属矿床
96		湖南省冷水江市锡矿山锑矿接替资源勘查	特大型锑矿床，"世界锑都"
97		湖南省郴州市东坡铅锌矿接替资源勘查	南岭多金属成矿带内重要的铅锌多金属矿床之一
98		湖南省桂阳县宝山铅锌银矿接替资源勘查	南岭多金属成矿带内重要的铅锌多金属矿床之一
99		湖南省郴州市玛瑙山铁锰多金属矿接替资源勘查	柿竹园多金属矿田内的多金属矿床之一
100		湖南省宜章县瑶岗仙钨矿接替资源勘查	石英脉型白钨矿的代表矿床
101		湖南省安化县渣滓溪锑（钨）矿接替资源勘查	我国典型的脉状充填型锑矿床
102		湖南省新邵县龙山锑金矿接替资源勘查	典型的中低温热液充填矿床
103		湖南省平江县黄金洞金矿接替资源勘查	湖南省四大金矿之一，典型的中（低）温热液金矿床
104		湖南省花垣县民乐矿区火麻冲锰矿接替资源勘查	南方著名大型沉积锰矿床之一
105		湖南省醴陵市马颈坳高岭土矿接替资源勘查	湖南省重要的高岭土矿区
106		湖南省浏阳市永和磷矿接替资源勘查	华南形成最早的沉积磷矿床
107	广东	广东省阳春市石菉铜钼矿接替资源勘查	广东省著名的矽卡岩型矿床
108		广东省韶关市大宝山钼多金属矿接替资源勘查	南岭成矿带重要的斑岩型钼钨多金属矿床
109		广东省韶关市凡口铅锌矿接替资源勘查	我国已探明储量最大的铅锌矿床之一
110		广东省始兴县石人嶂钨矿接替资源勘查	广东省典型的石英脉型钨矿
111		广东省茂名市金塘高岭土矿接替资源勘查	我国重要的沉积-风化亚型高岭土矿床
112		广东省韶关市瑶岭钨矿接替资源勘查	粤北地区重要的钨矿之一，新发现有矽卡岩型白钨矿化、构造蚀变型白钨矿化
113	广西	广西壮族自治区岑溪市佛子冲铅锌矿接替资源勘查	广西较大规模、较大发展远景的铅锌银多金属矿区
114		广西壮族自治区南丹县铜坑锡矿接替资源勘查	中国第二大锡矿田
115		广西壮族自治区钟山县珊瑚钨锡矿接替资源勘查	典型的石英脉型锡-钨矿床
116		广西壮族自治区恭城县栗木锡矿接替资源勘查	典型的蚀变花岗岩型锡矿床
117		广西壮族自治区贺州市龙水金矿接替资源勘查	广西重要的破碎蚀变岩型金矿
118		广西壮族自治区融安县泗顶铅锌矿接替资源勘查	重要的碳酸盐岩型铅锌矿
119		广西壮族自治区贵港市龙头山金矿接替资源勘查	广西重要的金矿床，与火山-次火山热液有关

序号	省（区）	项目名称	入选理由
120	四川	四川省九龙县里伍铜矿接替资源勘查	海相沉积－改造型矿床，"里伍式"矿床的代表
121		四川省九寨沟县马脑壳金矿接替资源勘查	典型的"卡林型"金矿
122		四川省会东县满银沟铁矿接替资源勘查	受变质碳酸盐建造型矿床，层控改造型矿床
123		四川省德阳市太阳寺磷矿接替资源勘查	四川金河－清平、马边地区的重要磷矿，沉积变质型磷矿
124		四川省会理县天宝山铅锌矿接替资源勘查	典型的层控改造型超大型铅锌矿床
125		四川省冕宁县泸沽铁矿接替资源勘查	重要的沉积变质型铁矿之一，矿石品位高，质量好
126		四川省什邡市金河磷矿接替资源勘查	四川金河－清平、马边地区的重要磷矿，沉积变质型磷矿
127		四川省绵竹市清平磷矿接替资源勘查	四川金河－清平、马边地区的重要磷矿，沉积变质型磷矿
128	贵州	贵州省安龙县戈塘金矿接替资源勘查	典型的"卡林型"金矿
129		贵州省晴隆县晴隆锑矿接替资源勘查	西南地区的大型锑矿之一，典型层控矿床
130		贵州省息烽县息烽磷矿接替资源勘查	黔中北典型的沉积型磷矿
131		贵州省独山县半坡锑矿接替资源勘查	热液脉型锑矿床
132	云南	云南省昆明市东川区东川铜矿接替资源勘查	沉积变质－改造型铜矿，特大型单一铜矿田，储量仅次于德兴铜矿、玉龙铜矿
133		云南省牟定县郝家河铜矿接替资源勘查	典型的砂岩型铜矿
134		云南省易门县狮子山铜矿接替资源勘查	典型的沉积－改造型矿床，海相含铜碳酸盐矿床
135		云南省易门县易门矿区三家厂铜矿床深部接替资源勘查	沉积－改造型矿床，海相含铜碳酸盐矿床
136		云南省澜沧县澜沧铅矿接替资源勘查	三江成矿带重要的代表性矿床之一
137		云南省龙陵县勐兴（糯）铅锌矿接替资源勘查	层控－改造型矿床，矿体稳定，品位高，矿物组成简单
138		云南省大姚县六苴铜矿小河－石门坎矿段接替资源勘查	典型的砂岩型铜矿
139		云南省禄丰县鹅头厂铁矿接替资源勘查	海相火山侵入型铁矿床的代表
140		云南省个旧市大箐东铜锡矿接替资源勘查	个旧锡矿田的重要矿床之一
141		云南省个旧市老厂东铜锡矿接替资源勘查	个旧锡矿田的重要矿床之一
142		云南省个旧市大白岩铜锡矿接替资源勘查	个旧锡矿田的重要矿床之一
143		云南省鹤庆县鹤庆锰矿接替资源勘查	重要的沉积型富锰矿，三叠纪锰矿床的代表
144	西藏	西藏自治区曲松县罗布莎Ⅰ、Ⅱ、Ⅳ、Ⅴ矿群铬铁矿接替资源勘查	目前我国已知的最大铬铁矿矿床
145	陕西	陕西省宁强县宁强锰矿接替资源勘查	汉中地区典型的沉积变质锰矿
146		陕西省太白县太白金矿接替资源勘查	钠长角砾岩型金矿的代表

序号	省（区）	项目名称	入选理由
147	陕西	陕西省汉中市天台山锰矿接替资源勘查	寒武纪时期的沉积变质型锰矿
148		陕西省洛南县陈耳金矿接替资源勘查	小秦岭金矿田的重要矿床
149		陕西省凤县庞家河金矿接替资源勘查	汉中地区典型的中低温热液型金矿
150		陕西省略阳县铧厂沟金矿接替资源勘查	重要的蚀变岩型金矿
151		陕西省柞水县银洞子铜铅银多金属矿接替资源勘查	秦岭成矿带中重要的热水喷流沉积－改造型铅银矿床
152		陕西省太白县新星金矿接替资源勘查	钠长角砾岩型金矿的代表
153		陕西省镇巴县屈家山锰矿接替资源勘查	典型的沉积变质型锰矿
154	甘肃	甘肃省玛曲县格尔珂金矿接替资源勘查	西秦岭南带地区的特大型岩浆热液型金矿，著名的大水金矿
155		甘肃省安西县花牛山金银铅锌矿接替资源勘查	北山地区重要的岩浆热液型金银多金属矿床
156	青海	青海省兴海县赛什塘铜矿接替资源勘查	海底火山喷流沉积－变质热液改造型铜矿，火山岩黄铁矿型
157	新疆	新疆维吾尔自治区富蕴县蒙库铁矿接替资源勘查	喷流沉积－区域变质－热液交代多成因叠加型铁矿，成因复杂
158		新疆维吾尔自治区富蕴县喀拉通克铜镍矿接替资源勘查	北疆喀拉通克成矿带内的大型岩浆熔离型铜镍硫化物矿床
159		新疆维吾尔自治区富蕴县可可托海稀有金属矿接替资源勘查	世界级的大型有色金属花岗伟晶岩型矿床
160		新疆维吾尔自治区哈巴河县多拉纳萨依金矿接替资源勘查	阿尔泰山脉重要的微细粒蚀变岩型金矿
161	海南	海南省昌江县石碌铁矿接替资源勘查	被誉为"亚洲第一富铁矿"
162	福建	福建省漳平市洛阳铅锌铁矿接替资源勘查	福建省重要的铅锌多金属矿床
163	浙江	浙江省绍兴市漓渚铁矿接替资源勘查	钦－杭成矿带重要的矽卡岩型磁铁矿床
164		浙江省绍兴市平水铜矿接替资源勘查	钦－杭成矿带典型的火山岩型块状硫化物矿床

1.4.2　筛选矿床的代表性特征

1）从矿床规模来说，入选的矿床大部分为大型、超大型矿床，矿产储量和经济价值巨大，更有一些世界知名的超大型矿床，如湖南冷水江市锡矿山锑矿、新疆可可托海稀有金属矿、云南个旧锡矿，特别是云南个旧锡矿，本次入选的有大箐东铜锡矿、老厂东铜锡矿和大白岩铜锡矿3个矿床。此外，还有少量重要的中型矿床，如福建漳平洛阳铁矿，为福建省主要铁多金属成矿区内的重要铁矿床，共（伴）生有锌、硫、钼矿等。

2）从成因类型来说，基本涵盖了各矿种在危机矿山项目中表现的主要成因类型矿床。如铁矿，我国铁矿成因类型众多，虽然本次危机矿山接替资源找矿项目中并没有涵盖所有的铁矿床成因类型，但是在实物地质资料采集工作中，我们将铁矿床主要成矿类型都囊括其中，各类型入选情况如下：

● 沉积变质型铁矿床：分为受变质铁硅质建造型铁矿床和受变质碳酸盐建造型铁矿，主要产于前寒武纪（太古宙、元古宙）古老的区域变质岩系中，是我国十分重要的铁矿类型，其储量占全国总储量的57.8%，因此，这类矿床入选较多。受变质铁硅质建造型铁矿床有辽宁鞍山—本溪一带的弓长岭铁矿、砬子山铁矿和河北迁安水厂铁矿、四川泸沽铁矿等，还有江西新余良山铁矿（它是华南重要的铁矿之一，也是我国最年轻的硅铁建造铁矿之一）。受变质碳酸盐建造型铁矿有四川满银沟铁矿。

● 岩浆晚期铁矿床：分为岩浆晚期分异型和岩浆晚期贯入型铁矿床，前一种类型的矿床本次危机矿山项目并未部署，后者通常称为"大庙式铁矿"，入选的有河北承德地区大庙—黑山一带的黑山铁矿。

● 接触交代－热液型铁矿床：其中接触交代矿床（即矽卡岩型），在我国分布广泛，因此，入选的矿床也较多，有"邯邢式"铁矿床河北武安西石门铁矿，"大冶式铁矿"的大冶铁矿和金山店铁矿，以及江苏利国铁矿、韦岗铁矿、安徽桃冲铁矿、福建洛阳铁（铅锌）矿、山东金岭铁矿、江苏南京冶山铁矿等。岩浆热液型矿床有湖南郴州玛瑙山铁锰多金属矿区中的铁锰矿床。

● 与火山－侵入活动有关的铁矿床：分为陆相火山－侵入型铁矿床和海相火山－侵入型铁矿床，前者有宁芜盆地中典型的玢岩型铁矿床"梅山式"铁矿床——梅山铁矿、"凹山式"铁矿床——安徽东山铁矿和"陶村式"铁矿床——和尚桥铁矿。海相火山－侵入型铁矿床有云南省禄丰县鹅头厂铁矿。

● 沉积型铁矿床和淋滤型铁矿：本次危机矿山项目没有部署这两种类型的铁矿床。

● 其他重要铁矿床：主要有海南石碌铁矿和新疆富蕴蒙库铁矿。其中，石碌铁矿因铁矿品位高而著称，是我国最大的富铁矿；蒙库铁矿是迄今为止新疆境内发现的最大铁矿，规模大、品位富、易开采，其成因类型存在长期争议和多种观点，一般认为其应属喷流沉积－区域变质－岩浆热液交代叠加富集型多因复成铁矿床。

3）从矿种来说，入选的矿床以铁、铜、金、铅锌、钨矿为主，其中，铁矿25个，铜矿29个，金矿53个，钨矿10个，铅锌矿17个；另外，还有钼矿、锡矿、锰矿、银矿、锑矿、铝土矿、镍矿、稀有金属矿等。除了金属矿产外，还有部分重要非金属矿产入选，其中，磷矿10个，石墨矿2个，高岭土矿3个等。

4）从矿床分布来说，主要根据地理分布、成矿带分布和成矿时空分布。

● 在地理分布上，入选矿山涵盖了20多个省（区），对于矿业发达、矿产活动频繁的省（区），入选的矿床较多。如江西、湖南、安徽、湖北、辽宁等省，其本身开展危机矿山找矿项目的矿山较多；因此，入选的矿山也较多；而对于甘肃、青海、新疆、西藏等危机矿山项目较少的省（区），入选的矿山自然较少，这也在一定程度上反映了危机矿山找矿项目的部署情况。同时，入选的矿山也在一定程度上反映了某一矿种在该省（区）或某一区域的分布情况，如江西为我国钨矿大省，入选的钨矿达5个之多；安徽省铜陵地区产出的矽卡岩型铜矿床众多，为了更好地反映该地区铜矿的产出特点，本次入选的铜矿多达4个；云南个旧锡矿田，区内产出多个大型锡矿床，为了反映其典型的成矿地质特征和成矿模式，选择了老厂东铜锡矿等3个矿床。

● 在成矿带分布上，总体来说，除昆仑成矿省、塔里木陆块成矿省和祁连成矿省，我国其他成矿省均有矿床入选（图1.1）。对于某一成矿带，如华南成矿省，主要以钨、锡、铅锌矿等有色金属资源为主，因此，入选的钨、锡、铅锌矿床较多，也反映了该二级成矿带的一些矿产分布特点。对于单一矿种来说，如金矿，据统计，中国金矿床主要产于吉黑成矿省、华北陆块北缘成矿省、华北陆块成矿省、下扬子成矿省、华南成矿省、上扬子成矿省、秦岭－大别成矿省等，入选的金矿床在这些成矿省均有分布；同时，危机矿山项目中的金矿主要分布于华北陆块成矿省、华北陆块北缘成矿省和秦岭－大别成矿省，且是集中分布，入选的金矿分布特点也基本一致（图 1.2）。

- 在成矿时空分布上，以钨锡多金属矿为例，以南岭为中心的华南是最有特色的钨锡成矿省，其成矿时代持续时代较长，栗木锡矿一般认为是在印支期形成的，除此之外，大部分钨锡矿成矿可以分为 170～150Ma、140～126Ma 和 113～90Ma 3 个阶段。170～150Ma 是华南地区的一个成矿高峰期，入选的东坡铅锌矿田的柿竹园钨多金属矿、宝山铅锌矿、黄沙坪铅锌矿、大宝山钼多金属矿、龙山锑金矿、浒坑钨矿等均为该时期形成的矿床，其他两个时期形成的矿床有沃溪金锑矿、西华山钨矿、锡矿山锑矿、铜坑锡矿等。又以钨矿为例，燕山期为最重要的钨成矿期，占到 83% 的累计探明储量，因此，入选的钨矿以燕山期为主，兼顾了其他成矿时代。

5）从找矿成果来说，入选的矿床均为本次危机矿山项目中取得突出成果的。如广西南丹县铜坑锡矿探获 333 金属量：锡 2.70×10^4 t、铅 9.92×10^4 t、锌 262.66×10^4 t、锑 1.36×10^4 t、铜 10.71×10^4 t、银 2199t，使得项目实施后矿山保有储量急剧增加；湖南黄沙坪铅锌矿，新发现了较大规模的钨钼多金属矿体，具有形成以铅锌钨为主的特大型多金属矿床的前景，新增 333+332 资源量：WO_3 13.04×10^4 t，钼金属量 3.84×10^4 t，铋金属量 3.98×10^4 t，锡金属量 13.08×10^4 t，铜铅锌金属量 54.08×10^4 t 等，能够延长矿山服务年限 70 年。湖南省桂阳县宝山铅锌银矿，因浅部已探明矿产资源基本开采完毕，矿产资源趋于枯竭，矿山处于停产半停产状况，累计亏损 4000 多万元，通过开展危机矿山接替资源找矿项目，共探获铜钼矿体 35 个、获得铜钼资源量 808.4×10^4 t，共探获铅锌银矿体 25 个、获得铅锌银矿资源量 625.5×10^4 t，估算其潜在经济价值 300 多亿元，使宝山铅锌银矿获得了新生。

在具体钻孔的筛选上，着力考虑找矿突破中的理论创新和地质发现。例如湖南黄沙坪铅锌矿选取的 GK11105 钻孔，揭示 301 矿带有大规模的矽卡岩型钨钼多金属矿化，存在着巨大的钨钼多金属矿找矿潜力；GK0901 钻孔，揭示了 304 矿体延深的矿化特点，反映铅锌多金属矿化有向深部延伸的趋势，该矿带深部存在铅锌、铜锌和铅锌伴生钨钼的混合类型资源的巨大找矿潜力；这两个钻孔集中反映了危机矿山勘查项目的找矿成果，即发现了较大规模的钨钼多金属矿体，发现铅锌矿化均向深部延深，矿区深部存在着巨大的铅锌矿找矿潜力，并在一些斑岩体内发现有细脉浸染状的铜矿化，黄沙坪铅锌矿床具有形成以铅锌钨钼为主的特大型多金属矿床的前景。再如安徽铜山铜矿选取的 ZKT1905 钻孔，揭示了现有矿体延深的矿化特点，反映铜铁多金属矿化有向深部延伸的趋势，该矿带深部存在铜铁资源的巨大找矿潜力。

综上所述，入选的矿床从各个方面均具有一定的代表性，能够反映典型的成矿特征，也能够展现危机矿山找矿项目取得的找矿突破和科研成果。实物地质资料中心收藏这些矿床的实物地质资料，能够极大地充实国家实物地质资料库的库藏内容，在库藏体系建设方面将起到举足轻重的作用。

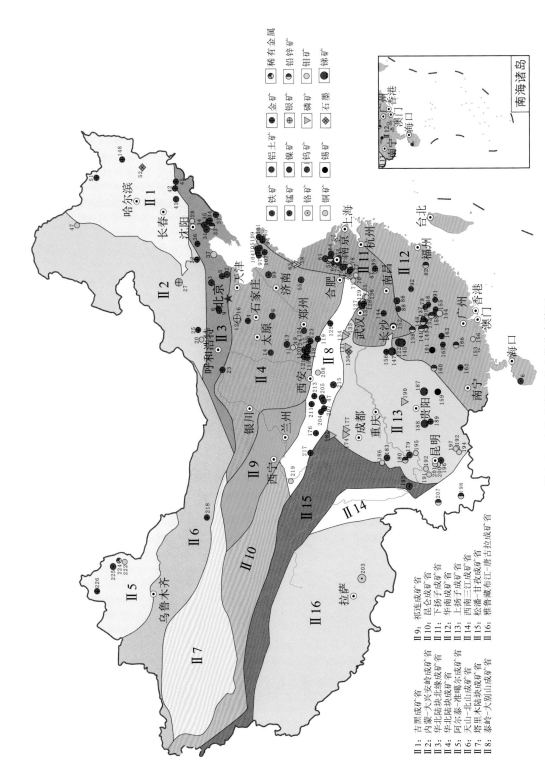

图 1.1　入选矿床按成矿带分布简图

Ⅱ1: 吉黑成矿省
Ⅱ2: 内蒙—大兴安岭成矿省
Ⅱ3: 华北陆块北缘成矿省
Ⅱ4: 华北陆块成矿省
Ⅱ5: 阿尔泰—准噶尔成矿省
Ⅱ6: 天山—北山成矿省
Ⅱ7: 塔里木陆块成矿省
Ⅱ8: 秦岭—大别山成矿省

Ⅱ9: 祁连成矿省
Ⅱ10: 昆仑成矿省
Ⅱ11: 下扬子成矿省
Ⅱ12: 华南成矿省
Ⅱ13: 上扬子成矿省
Ⅱ14: 西南三江成矿省
Ⅱ15: 松潘—甘孜成矿省
Ⅱ16: 雅鲁藏布江—唐古拉成矿省

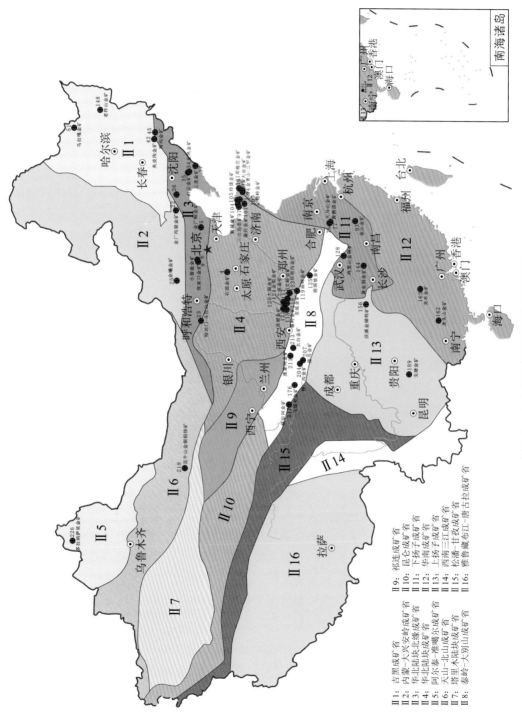

图 1.2 入选金矿床按成矿带分布简图

II 1: 吉黑成矿省
II 2: 内蒙—大兴安岭成矿省
II 3: 华北陆块北缘成矿省
II 4: 华北陆块成矿省
II 5: 阿尔泰—准噶尔成矿省
II 6: 天山—北山成矿省
II 7: 塔里木陆块成矿省
II 8: 秦岭—大别山块成矿省

II 9: 祁连成矿省
II 10: 昆仑成矿省
II 11: 下扬子成矿省
II 12: 华南成矿省
II 13: 上扬子成矿省
II 14: 西南三江成矿省
II 15: 松潘—甘孜成矿省
II 16: 雅鲁藏布江—唐古拉成矿省

· 13 ·

第2章 实物地质资料采集

2.1 采集内容与工作流程

2.1.1 采集内容与基本要求

选择具有典型代表意义的危机矿山项目（矿山），每个项目（矿山）收集 1~3 个代表性钻孔的岩矿心，采集一套系列标本（20 块以上）和 1~3 块大标本及相关影像资料和成果资料，最后编写采集报告。

典型项目（矿山）和代表性钻孔依照筛选依据进行筛选确定。

1）系列标本采集基本要求：

——采集不同开采区段和开采水平段的矿山矿石标本、岩石标本、地层标本。

——反映矿石类型、围岩与蚀变特征及典型矿床成因、成矿方式、构造条件的标本。

——标本规格一般为 300mm×300mm×200mm。

——对采集的系列标本进行编号、描述、填写登记表、绘制采样位置图。

2）大标本采集要求：

——位于主采矿层内。

——含矿品位较高，矿石类型典型。

——兼顾完整，不存在明显裂缝。

——标本规格：坑道采集的一般不小于 1000mm×1000mm×600mm，露天采集的一般不小于 2000mm×2000mm×1000mm。

——详细记录标本的地质背景，采集位置标注在工程图上。

收集的相关资料应能说明实物地质资料的产出条件和收集意义，主要包括矿区地质矿产图、勘查工程布置图、勘探线剖面图、钻孔柱状图以及勘查报告的有关内容等。

采集报告内容主要包括：矿区简要地质矿产条件与矿山开发状况；危机矿山勘查进展与实物地质资料状况；实物地质资料采集情况及意义评述等。

2.1.2 采集工作流程

第一步，在危机矿山办公室领导下，筛选确定采集实物地质资料的矿山（勘查项目）。

第二步，在矿山（勘查项目）所在省（区、市）行政主管部门协助下，与矿山（勘查项目）单位及勘查项目监审专家联系，了解勘查工作进展和实物地质资料情况（包括实物地质资料类型、数量、保存地、保存状况等），协商落实实物地质资料采集工作（包括筛选确定采集岩矿心的钻孔、系列标本和大标本采集方法等），与矿山（勘查工作单位）签订协助实物地质中心采集实物地质资料的工作协议，明确双方的责任、任务、工作内容、具体要求。

第三步，矿山或勘查工作单位按协议准备好拟提交的钻孔岩矿心，采集系列标本、大标本以及相关的成果资料和原始地质资料。

第四步，实物地质资料中心到实物地质资料存放地核查验收拟接收的实物地质资料，验收合格后，与矿山或勘查单位办理移交手续。

第五步，在矿山或勘查单位协助下，对实物及相关资料进行整理、装箱，运送到实物地质中心入库。

第六步，编写实物地质资料采集工作报告（图2.1）。

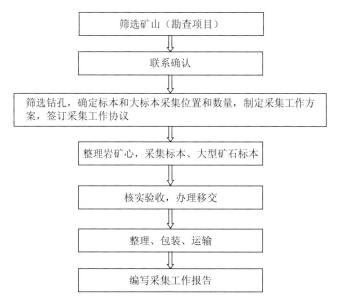

图 2.1　危机矿山勘查实物地质资料采集工作流程示意图

2.2　采集成果

2.2.1　采集总量

本次危机矿山项目的实物成果集成，部署的采集对象是除了煤炭勘查项目以外的金属、非金属勘查项目，重点是有色金属和贵重金属勘查项目的实物成果。

在预选的164个矿山中，经进一步调研，落实采集了116个矿山的实物地质资料，采集钻孔数254个，岩心长度125469.2m；采集典型岩矿石标本3811块，大型矿石标本174块。

2.2.2　实物地质资料分类统计分析

采集的实物中，按照矿种分类，主要分为黑色金属、有色金属、贵重金属和非金属、稀有金属等5个主要类型（表2.1）。

表 2.1　危机矿山勘查实物地质资料采集成果统计

类别	矿种类型	项目数量/个	钻孔数/个	主要实物			备注
				岩矿心/m	标本/块	大标本/块	
有色金属	铜矿	25	62	29713.7	621	38	
	铅锌矿	12	26	14224.2	806	28	
	钨矿	8	23	10860.23	320	15	
	锑矿	5	11	3654.69	172	8	
	锡矿	2	5	2643.55	31	0	
	其他有色金属矿	3	4	3159.95	144	3	
贵重金属	金矿	30	56	28993.82	865	42	
	银矿	2	3	1524.47	51	4	
黑色金属	铁矿	17	42	21175.24	411	12	
	锰矿	4	3	1312.85	166	6	
	铬铁矿	1	2	518.88	18	4	
非金属	磷矿	5	11	5724.40	186	11	
	石墨矿	1	4	990.00	20	1	
稀有金属		1	2	973.19		2	
总计		116	254	125469.2	3811	174	

2.2.2.1　黑色金属

采集的黑色金属矿山项目的实物共有 22 个，其中 17 个为铁矿，4 个为锰矿，1 个为铬铁矿。

（1）铁矿（图 2.2）

所采集实物的铁矿项目有 17 个，很多都是我国十分著名、开采历史悠久的铁矿山，这些矿山多是我国大型钢铁企业的原料供应基地。如采矿历史最为悠久、已有 1780 多年历史的湖北大冶铁矿，是武汉钢铁的原料基地；辽宁省弓长岭铁矿是鞍钢的主要原料基地；马鞍山铁矿是马钢的原料基地；海南的石碌铁矿是亚洲最富的铁矿；河北承德黑山铁矿是承德钢铁的原料基地。这些老矿山企业，对我国钢铁企业和国民经济的发展起到了巨大的支撑作用。

从成因类型上看，铁矿的类型主要有沉积变质型、矽卡岩型、层控改造型、海相火山侵入型、陆相火山热液型、岩浆晚期贯入型、喷流沉积 – 区域变质 – 热液交代多成因和岩浆热液型，采集实物地质资料的矿山均是不同成因类型的代表性矿山。

沉积变质型铁矿是全球，也是中国最主要的铁矿类型，此类铁矿数量多，储量大，是最为重要的铁矿石原料供给者。本项目收集了 4 个沉积变质型铁矿实物地质资料，分别是辽宁弓长岭铁矿、河北迁安铁矿、辽宁砬子山铁矿、海南石碌铁矿。这些矿床分布于著名的鞍 – 本铁矿矿集区、冀东铁矿矿集区和海南石碌铁矿区。

沉积变质型的铁矿类型中，主要有两类。其一，以辽宁弓长岭铁矿和河北迁安马鞍山铁矿为代表，矿体赋存于太古宙的中高变质岩系内，含矿岩系主要为黑云斜长片麻岩、斜

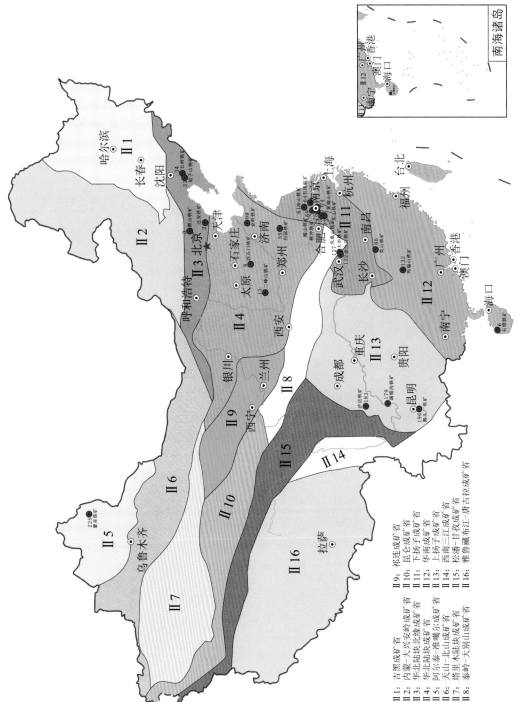

图 2.2　危机矿山勘查铁矿项目实物采集分布图

II 1: 吉黑成矿省
II 2: 内蒙-大兴安岭成矿省
II 3: 华北陆块北缘成矿省
II 4: 华北陆块块体成矿省
II 5: 阿尔泰-准噶尔成矿省
II 6: 天山-北山成矿省
II 7: 塔里木陆块块体成矿省
II 8: 秦岭-大别山成矿省

II 9: 祁连成矿省
II 10: 昆仑成矿省
II 11: 下扬子成矿省
II 12: 华南成矿省
II 13: 上扬子成矿省
II 14: 西藏三江成矿省
II 15: 松潘-甘孜成矿省
II 16: 雅鲁藏布江-唐古拉成矿省

长角闪岩、变粒岩、云母石英片岩以及混合岩等，矿体以似层状、透镜状产于其中。矿石的主要有效成分为磁铁矿，少量为赤铁矿。矿石主要为贫—中等品位，全铁含量变化在20%~30%之间。值得注意的是，辽宁弓长岭铁矿和河北迁安水厂铁矿，在本次深部钻探勘查过程中，都发现了厚大的富矿体，矿石成分主要为磁铁矿，含铁超过55%以上。其二，以海南石碌铁矿为代表，矿体赋存于白云岩、白云质结晶灰岩中的透辉石、透闪石岩内，矿石主要为鳞片状赤铁矿，少量磁铁矿和假象赤铁矿、铁碧玉等，呈致密块状的矿石，富矿含铁品位高达56%以上，部分炼钢用矿石品位高达64%以上。

矽卡岩型铁矿在中国铁矿床中占有重要的地位，此类铁矿床一般规模为中小型，大型较少，但品位较富，是我国富铁矿的主要来源。本项目收集实物的矽卡岩型矿床有湖北大冶铁山铁矿、湖北阳新县金山店铁矿、安徽繁昌县桃冲铁矿、安徽徐州利国铁矿和江苏镇江韦岗铁矿等。这些矿床分布于著名的长江中下游铜铁金成矿带，以湖北大冶铁矿最为著名。

大冶铁矿矿体产于岩浆岩体与围岩的接触带部位，多以透镜状、串珠状产出。矿石类型主要为磁铁矿，其次为赤铁矿，并伴生黄铜矿等。

层控改造型铁矿，以四川会东县满银沟铁矿为代表，矿石类型主要为赤铁矿。

陆相火山热液型铁矿，以安徽和尚桥铁矿和江苏梅山铁矿为代表，这是由我国地质学家研究命名的典型矿床类型，也称为"玢岩铁矿床"。矿体产于富钠质的辉长闪长玢岩-闪长玢岩内或与围岩的接触带。矿体形态主要呈层状、似层状、环状以及透镜状、柱状等，其重要的构造特征为角砾状矿石和钟状矿体。主要矿物为透辉石、阳起石、磷灰石-磁铁矿。

岩浆晚期贯入型铁矿，以河北承德黑山大庙铁矿为代表，也称为"大庙式铁矿"。铁矿体产于辉长岩、斜长岩中，沿着岩体裂隙或辉长岩与斜长岩接触带贯入形成钒钛磁铁矿床。矿体呈扁豆状、脉状、雁行式成群产出，与围岩界线清楚。矿石成致密块状、浸染状。主要矿物为磁铁矿、钛铁矿、赤铁矿、金红石、绿泥石等。铁矿体围岩常有绿泥石化和绿帘石化。

此外，云南省禄丰县鹅头厂铁矿属海相火山侵入型的铁矿，湖南省郴州市玛瑙山铁锰多金属矿属岩浆热液型铁矿，新疆富蕴县蒙库铁矿属喷流沉积-区域变质-热液交代多成因叠加型铁矿，矿石有用矿物成分多以磁铁矿为主。

（2）锰矿（图 2.3）

本次采集的锰矿项目有4个，主要的成因类型为沉积型、沉积变质型。沉积变质型锰矿为陕西省汉中市宁强锰矿和天台山锰矿；沉积型锰矿有云南省鹤庆县小天井锰矿和湖南湘潭市湘潭锰矿。

最为典型的属湘潭锰矿，该矿矿体赋存于震旦系下统含矿黑色页岩段下部中间，底板为线理状黑色页岩，顶板为叶片状黑色页岩，矿体则由碳酸锰加黑色页岩或碳酸锰矿与黑色页岩互层组成。主矿体为一层，整体上连续，层位稳定。

（3）铬铁矿

西藏罗布莎铬铁矿是较为特殊的黑色金属矿产之一，位于我国西部高原西藏曲松县罗布莎，海拔在4100m以上。矿体产于超铁镁岩内，岩体主要为斜辉橄榄岩和纯橄岩，矿体

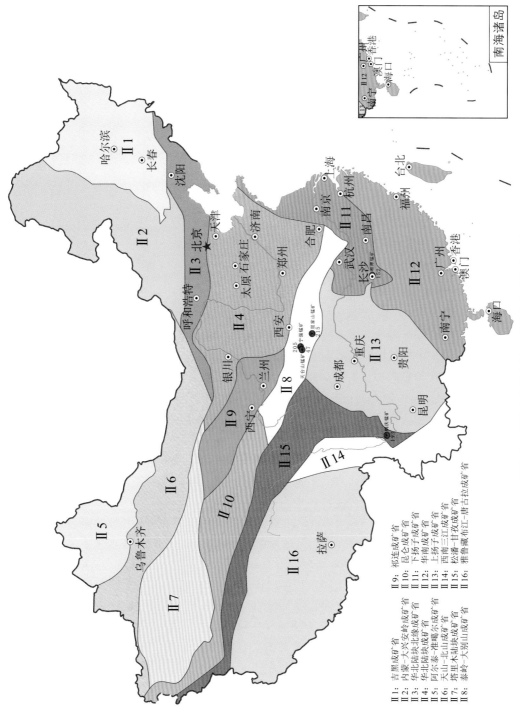

II 1：吉黑成矿省
II 2：内蒙—大兴安岭成矿省
II 3：华北陆块北缘成矿省
II 4：华北陆块成矿省
II 5：阿尔泰—准噶尔成矿省
II 6：天山—北山成矿省
II 7：塔里木陆块成矿省
II 8：秦岭—大别山成矿省

II 9：祁连成矿省
II 10：昆仑成矿省
II 11：下扬子成矿省
II 12：华南成矿省
II 13：上扬子成矿省
II 14：西南三江成矿省
II 15：松潘—甘孜成矿省
II 16：雅鲁藏布江—唐古拉成矿省

图 2.3　危机矿山勘查锰矿项目实物采集分布图

主要赋存于斜辉橄榄岩相带内，属于上地幔岩浆上侵融离分异型矿床。含矿超铁镁岩体为一个东西展布、东窄西宽向南倾斜的单斜岩体，面积约22km²。岩体以斜辉辉橄岩为主，有大小不等、形状不规则的纯橄榄岩异离体分布其中。矿石以致密块状为主，少量浸染状，主要矿物成分为铬尖晶石。矿石中普遍含锇、铱、钌、铑等铂族元素。脉石矿物有绿泥石、蛇纹石、橄榄石、钙铬榴石和铬绿泥石等十几种。矿石中，还发现了小颗粒的金刚石。

2.2.2.2 有色金属

有色金属主要包括铜矿、铅锌矿、钨矿以及钨锡钼铋多金属矿、铝土矿等。有些矿床呈单一的矿种，更多的是多金属型矿床。

（1）铜及铜锌、铜镍、铜锡、铜铁多金属矿（图2.4）

铜矿资源是我国紧缺矿种，也是本次项目采集实物较多的矿种类型之一。铜矿资源在我国分布十分广泛，本次采集实物地质资料的铜矿项目主要分布在云南、江西、安徽、湖北、青海、辽宁、新疆等省（区），其中以云南和江西的项目较多。这些矿床多以铜或铜多金属矿的形式产出，基本上涵盖了我国铜矿床的类型，成为我国铜资源的主要来源。

从成因类型上看，本项目采集实物的铜以及铜多金属矿项目主要包括矽卡岩型、层状铜矿床型、沉积变质型、岩浆热液型、斑岩型、海底火山喷流沉积－变质热液改造型等。

矽卡岩型铜矿主要有湖北省大冶市铜录山铜矿、鸡冠嘴铜金矿、湖北省阳新县丰山铜金矿、安徽省铜陵市铜山铜矿、安徽省铜陵市凤凰山铜矿、广东省阳春市石菉铜钼矿、云南省个旧市老厂东铜锡矿等，为单一铜矿或者铜金、铜钼、铜铁多金属矿。

矽卡岩型铜矿床产于中酸性侵入体与碳酸盐岩类岩石的接触带中。矿体分布受断裂构造、地层和侵入体产状及接触带的控制。矿体形态比较复杂，呈似层状、扁豆状、囊状和不规则脉状等。矽卡岩主要由钙铁－钙铝石榴子石、透辉石、阳起石、透闪石、方柱石和绿帘石组成。铜矿物主要产生在矽卡岩矿物生成以后，在石英－硫化物期由热液交代矽卡岩、磁铁矿、磁黄铁矿、黄铁矿及其附近的石灰岩形成。矿石类型有致密块状矿石、浸染状矿石和网脉状矿石以及含铜的磁铁矿矿石等。

安徽铜陵凤凰山矿田位于下扬子台凹贵池－繁昌褶皱断束的中段，铜陵市东南约35km的新屋里岩体西侧。是以接触交代为主的矽卡岩型矿床，矿石类型复杂，矽卡岩化发育，以含铜矽卡岩矿石广泛发育为特征，在岩体与大理岩和白云质大理岩（白云岩）的接触带上，形成不同类型的矽卡岩。凤凰山铜矿的4个主要矿体，均赋存于侵入岩与围岩接触带及其附近，其中Ⅰ、Ⅱ、Ⅲ号矿体赋存于新屋里岩体与南陵湖组灰岩接触带上，Ⅳ号矿体赋存于岩体与和龙山组灰岩接触带上并受接触带控制。Ⅱ号矿体规模最大，呈不规则透镜状或薄板状。矿体与矽卡岩关系密切，并受断裂和接触带的复合控制。近南北向的扩容性构造具有多期次活动特征，形成角砾状矿石。Ⅰ、Ⅲ、Ⅳ号矿体断续相连，其延伸方向自南而北由北西转向北东，略呈向西突出的弧形。矿区内主矿体长321～986m，控制平均延深233～350m，Ⅱ号矿体最大延深700m，矿体厚8.9～35.2m，矿体倾角陡至直立，总体向南东侧伏。次要矿体和小矿体多分布于主矿体近旁的大理岩、矽卡岩及侵入岩中，矿体长50～220m，平均延深50～156m，厚6.0～12.0m，矿体倾角65°～85°。

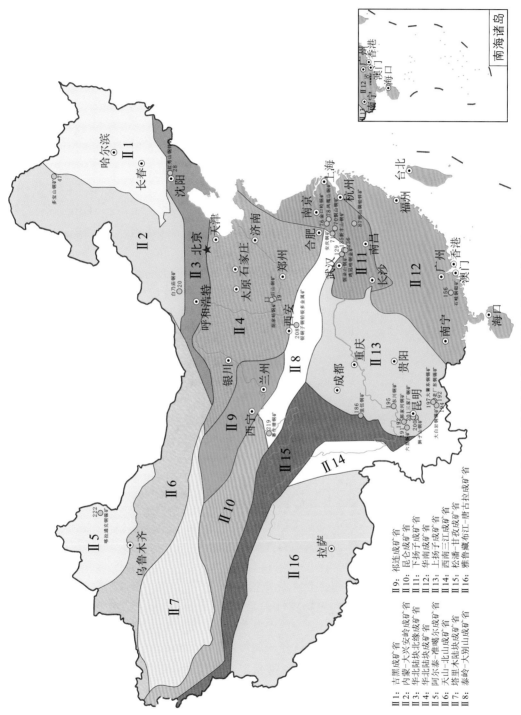

II 1: 吉黑成矿省
II 2: 内蒙-大兴安岭成矿省
II 3: 华北陆块北缘成矿省
II 4: 华北陆块成矿省
II 5: 阿尔泰-准噶尔成矿省
II 6: 天山-北山成矿省
II 7: 塔里木陆块成矿省
II 8: 秦岭-大别山成矿省

II 9: 祁连成矿省
II 10: 昆仑成矿省
II 11: 下扬子成矿省
II 12: 华南成矿省
II 13: 上扬子成矿省
II 14: 西南三江成矿省
II 15: 松潘-甘孜成矿省
II 16: 雅鲁藏布江-唐古拉成矿省

图 2.4 危机矿山勘查铜矿"项目实物采集分布图

按工业类型将凤凰山铜矿床矿石划分为7种类型：块状含铜磁铁矿型，块状含铜菱铁矿型，角砾状矿石型，浸染状含铜石榴石砂卡岩型，块状含铜黄铁矿型，浸染状含铜花岗闪长岩型，浸染状含铜大理岩型。前3种是该铜矿主要的矿石类型。不同矿化类型在空间上分界明显，并且与矿体展布方向一致，呈扁平透镜状和狭长带状。含铜磁铁矿、赤铁矿型矿石主要分布在矿体核部，在Ⅱ号矿体中出现分支复合现象。含铜菱铁矿型矿石围绕含铜磁铁矿、赤铁矿型矿石分布。黄铁矿型矿石在Ⅰ号矿体中分布于矿体边缘，在Ⅱ号矿体中出现在核部。其他类型矿石多产于矿体两侧。主要矿石矿物有黄铜矿、黄铁矿、磁铁矿、赤铁矿、斑铜矿、辉钼矿、菱铁矿、方铅矿、闪锌矿、辉铜矿、赤铜矿、白铁矿，脉石矿物有方解石、石榴子石、斜长石、钾长石、石英、角闪石、黑云母、白云石、铁白云石、透辉石、绿泥石、绿帘石、透闪石、阳起石，副矿物为榍石、磷灰石、锆石。主要蚀变有绿泥石化、碳酸盐化、钾长石化。围岩具砂卡岩化、大理岩化、碳酸盐化、钾长石化、黄铁矿化等蚀变。

层状铜矿床型铜矿，分为海相碳酸盐岩和含铜砂岩两种类型。云南东川铜矿、易门狮子山铜矿、易门三家厂铜矿均属于海相含铜碳酸盐岩矿床；云南大姚六苴含铜、云南牟定郝家河铜矿则属于含铜砂岩型铜矿。

云南东川铜矿是我国乃至世界著名的大型铜矿床，产于中元古界昆阳群地槽型沉积建造中，属于低级变质岩系，矿体赋存于昆阳群中部的因民组紫色层上部及落雪组白云岩内，呈层状及扁豆状，可分为1~3层层状体以及变质热液造成的脉状矿体。矿石具马尾丝构造以及密集细点状、斑点状构造，主要矿物组合为辉铜矿、斑铜矿和黄铜矿，矿石品位多为中等—贫矿。

云南六苴大姚含铜砂岩矿床，是一种典型的砂岩型铜矿，位于滇中中生代陆相红色盆地内，含矿层位于白垩系上统马头山组下部砂砾岩的六苴下亚段内。含矿岩石以紫红色、浅灰色中、细粒长石石英砂岩为主，其次为含砾砂岩、砾岩、粉砂岩和泥岩。矿体多沿六苴下亚段的紫色层（紫红色砂岩）与浅色层（灰色、灰绿色砂岩）的交错过渡部位、靠近浅色层的一侧分布。矿石矿物以辉铜矿为主，其次为斑铜矿、黄铜矿等，以细粒浸染状均匀分布于砂岩胶结物中。具有垂直和水平分带现象，即从紫色层至浅色层，金属矿物分为赤铁矿-自然铜矿带、辉铜矿-赤铁矿带、斑铜矿-黄铜矿带、黄铁矿带。铜矿品位相应地由1.5%向0.5%递减。

沉积变质型铜及铜多金属矿，主要有辽宁省抚顺红透山铜矿、青海省兴海县赛什塘铜矿。

辽宁省红透山铜矿处于华北地台北缘（东段）辽东台背斜（Ⅱ级）铁岭—靖宇古隆起（Ⅲ级）部位，矿床类型为与晚元古代绿岩带有关的变质岩层状铜矿床，是典型的红透山式块状硫化物铜锌矿床。成矿物质主要来源于太古宙早期海底火山喷发活动，并在成岩过程中与各类火山物质及其他陆源碎屑物共同沉积形成铜锌矿床的初始矿源层。矿体赋存于薄层互层带内，为标志的含矿岩系。一般情况下铜锌矿体与地层产状一致，彼此呈整合产出，层控特征明显。矿石的金属矿物主要有黄铁矿、磁黄铁矿、闪锌矿、黄铜矿等。矿石结构主要为粗粒致密块状，其次为浸染状及条带状。矿石结构有以变斑状结构为主。其有用组分主要为Cu、Zn、S等。本项目在实物采集中，选取了3个钻孔岩矿心，即ZK56-3（孔深1353.3m）、ZK2-2（孔深431m）、ZK2-1（孔深262.2m），合计孔深

2046.5m。其中 ZK56-3 孔为地表钻孔；ZK2-2、ZK2-1 为坑内钻孔，见矿最好的是 ZK2-1 孔，见矿厚度达 33m。

（2）铅锌矿（图 2.5）

本次采集实物的项目共计有 12 个，主要分布于湖南、广东、广西、云南、辽宁和江苏等省（区），其中较为著名的大型矿山有广东韶关市凡口铅锌矿、辽宁凤城市青城子铅锌矿以及湖南桂阳县黄沙坪铅锌矿、康家湾铅锌矿等。按照矿床的成因类型，主要分为矽卡岩型、岩浆热液+斑岩型、岩浆热液型和海相沉积改造型。矽卡岩型的矿床主要有湖南衡山康家湾铅锌金银矿、桂阳黄沙坪铅锌矿、郴州市东坡铅锌矿、广西岑溪市佛子冲铅锌矿等；岩浆热液+斑岩型主要有云南澜沧县澜沧铅矿；岩浆热液型主要有江苏南京栖霞山铅锌矿、云南省龙陵勐糯铅锌矿、辽宁省凤城市青城子铅锌矿等；海相沉积改造型有广东韶关市凡口铅锌矿。

矽卡岩型铅锌矿，以湖南桂阳黄沙坪铅锌矿为代表。黄沙坪矿所处坪宝地区位于南岭构造带中段北缘，处于郴州-蓝山北东向基底构造岩浆岩带与郴州-邵阳北西向基底构造岩浆岩带的交汇部位，耒阳-临武南北向构造带中段，湘南著名的千里山-骑田岭矿集区的西部。矿区内矿体按其成因可分为热液充填交代型（充填交代型铅锌矿体、充填交代型银铅锌矿体、充填交代型铜矿体）、矽卡岩型（矽卡岩型铅锌矿体、矽卡岩型铜锌矿体、矽卡岩型钨钼矿体、矽卡岩型磁铁矿体）、斑岩型（斑岩型钨钼矿体、斑岩型铜矿体）等三大类。

矿石矿物组成随矿体类型而异，不同类型的矿体，具有不同的矿物组合。据资料统计，黄沙坪铅锌多金属矿床矿石中发现的矿物共有 100 多种。其中，主要矿石矿物有铁闪锌矿、方铅矿、磁铁矿、辉钼矿、黄铁矿、黄铜矿等；主要脉石矿物有钙铁榴石、透辉石、萤石、锰菱铁矿、钙铁辉石、方解石等。它们具有以下特点：①主要和次要的金属矿物种类不多，微量矿物种类繁多；②硫化矿石的脉石矿物较简单，磁铁矿矿石的脉石矿物种类复杂；③矿物的化学类型分布广；④随着方铅矿所占比例的增加，矿物组成趋向复杂。

矿石的结构可分为原生结晶结构（自形、半自形晶粒结构，包含结构，填隙结构，放射状结构，镶边（结晶）结构，草莓状结构，片状、鳞片状结构）、次生交代结构（包括溶蚀结构、交代残余结构、反应边结构、乳浊交代结构（固溶体分离结构）、交代假象结构）、冷却分离与聚集结晶结构（乳浊状结构、文象及蠕虫状结构）和受力变形形成的结构（压碎结构、揉皱结构）等 4 类。

根据不同矿物集合体形态、相对大小以及空间分布关系，矿石可以划分为块状构造、条纹状构造、条带状构造、浸染状构造、角砾状构造、细脉状或网脉状构造、变胶状构造及晶洞构造等 8 类。

岩浆热液型+斑岩型铅锌矿，以云南澜沧县澜沧铅矿为代表。

岩浆热液型主要有江苏南京栖霞山铅锌矿、云南省龙陵勐糯铅锌矿、辽宁省凤城市青城子铅锌矿等。辽宁青城子铅锌矿为大型铅锌矿，大地构造位置属于古-中元古代辽吉裂谷中部。含矿岩系为辽河群，浪子山组、大石桥组第一段下部、第三段上部、中部和下部为主要含矿层位。矿层分为顺层式、切层式和沿断层一侧羽状分布 3 种类型。矿石多为块状、角砾状和浸染状，金属矿物主要有方铅矿、闪锌矿、黄铁矿、毒砂、磁黄铁矿、黄铜

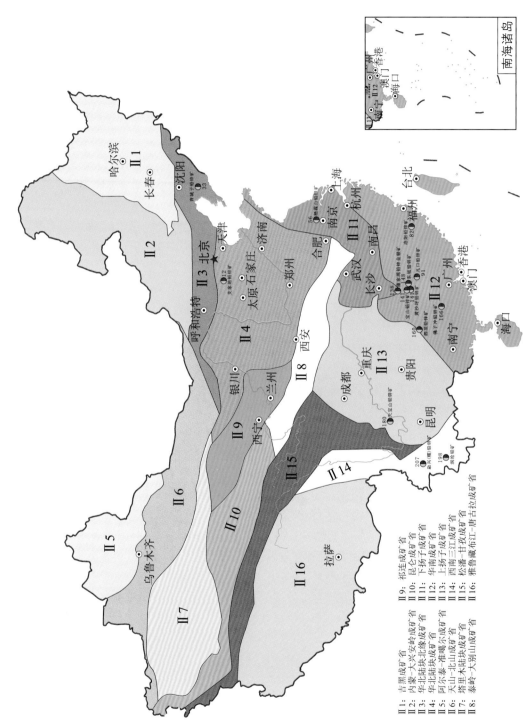

图 2.5 危机矿山勘查铅锌矿项目实物采集物分布图

II1: 吉黑成矿省
II2: 内蒙—大兴安岭成矿省
II3: 华北陆块北缘成矿省
II4: 华北陆块成矿省
II5: 阿尔泰—准噶尔成矿省
II6: 天山成矿省
II7: 塔里木陆块成矿省
II8: 秦岭—大别山块山成矿省
II9: 祁连成矿省
II10: 昆仑成矿省
II11: 下扬子成矿省
II12: 华南成矿省
II13: 上扬子成矿省
II14: 西南三江成矿省
II15: 松潘—甘孜成矿省
II16: 雅鲁藏布江—唐古拉成矿省

矿等。脉石矿物主要有方解石、白云石和石英等。围岩蚀变主要有硅化、绢云母化、白云石化和铁锰碳酸盐化。

广东韶关市凡口铅锌矿，是我国典型的超大型层控碳酸盐岩型铅锌矿类型之一，该矿床位于广东省仁化县西北 12km，处于曲任构造盆地的北沿。矿体主要赋存于中上泥盆统碳酸盐岩建造中，矿体数量多、规模大、形态复杂，呈似层状、透镜状、囊状、巢状、脉状等。矿石类型按矿物组合分为黄铁矿－石英型、闪锌矿－石英－方解石型以及方铅矿－白云石型；矿石中主要金属矿物有黄铁矿、闪锌矿、方铅矿，其次为黄铜矿、辉锑矿、辰砂、淡红银矿及菱铁矿等。平均含铅 4.88%、锌 9.77%，伴生有硫铁矿、汞及铜、银、金等矿产。围岩蚀变主要有黄铁矿化、白云石化、方解石化、菱铁矿化以及绿泥石化、绢云母化等。

（3）钨矿（图 2.6）

采集的钨矿项目共有 8 个，主要分布在江西、湖南和广东、广西等省（区），均为石英脉型钨矿。其中，可进一步分为黑钨矿型和白钨矿型，黑钨矿型以江西西华山为代表，白钨矿型以湖南姚岗仙为代表。

江西西华山钨矿床属于大型黑钨矿床，位于江西省南部，矿床产于燕山期花岗岩岩株内，围岩为震旦系－寒武系千枚岩、板岩和硬砂岩等浅变质岩。江西西华山钨业有限公司地处赣粤交界的大余县，占地面积 6.29km^2。公司本部位于大余县城，矿山现有生产中段 10 个，设 3 个坑口，有"世界钨都"之称。矿山主产品为黑钨精矿，年产量 1000t 左右。西华山钨矿，是我国钨发祥地，矿山全部采用平硐开拓，共开拓正规中段 11 个、副中段 8 个，掘进巷道超过 54×10^4m。采矿方法为留矿法。西华山钨矿是一个产于花岗岩体内的石英大脉型黑钨矿床。矿床地处南岭成矿亚区，赣湘粤加里东隆起蕴矿带西华山－棕树坑钨锡带的西南端，产于燕山期复式花岗岩岩株内。岩体侵入于寒武系浅变质岩中。矿床中已发现的矿物达 49 种，主要金属矿物以黑钨矿为主，伴生矿物有辉钼矿、辉铋矿、锡石、黄铜矿、白钨矿、黄铜矿等。矿石构造有脉状、网脉状、晶洞状、块状。矿石结构为自形、半自形的板状、粒状、柱状、片状等。西华山钨矿床位于西华山复式花岗岩株的西南部，产于中粒黑云母花岗岩体（γ_5^{2b}）及斑状中粒黑云母花岗岩体（γ_5^{2a}）内，上覆岩层为前寒武纪浅变质砂岩及与千枚岩互层，属于典型的花岗岩内接触带高温热液长石石英脉或石英大脉型黑钨矿床。

（4）锑及锑多金属矿（图 2.7）

采集入库的锑矿床共有 5 个，其中湖南省 3 个、贵州省 2 个，这些矿床集中分布于上扬子成矿省和华南成矿省。类型主要为中—低温热液矿床，晴隆锑矿为层控矿床。较为著名的有湖南省冷水江锡矿山锑矿、贵州晴隆锑矿等。

湖南省冷水江锡矿山锑矿素有"世界锑都"之称，属世界唯一的超大型锑矿，位于涟源盆地的中部，矿体主要赋存于上泥盆统佘田桥组和中泥盆统棋梓桥组，区内断层破碎带十分发育，是矿田内层状、似层状矿体（整合型）的重要控矿构造。矿田划分为 4 个矿床，即飞水岩、老矿山、童家院、物华矿床。矿石类型分为 4 种：以石英－辉锑矿型为主，其次是石英－方解石－辉锑矿型，石英－重晶石－辉锑矿仅局部出现，石英－萤石－辉锑矿型极罕见。前两种矿石类型的矿量占矿田总储量的 90% 以上。矿物成分较单一，主

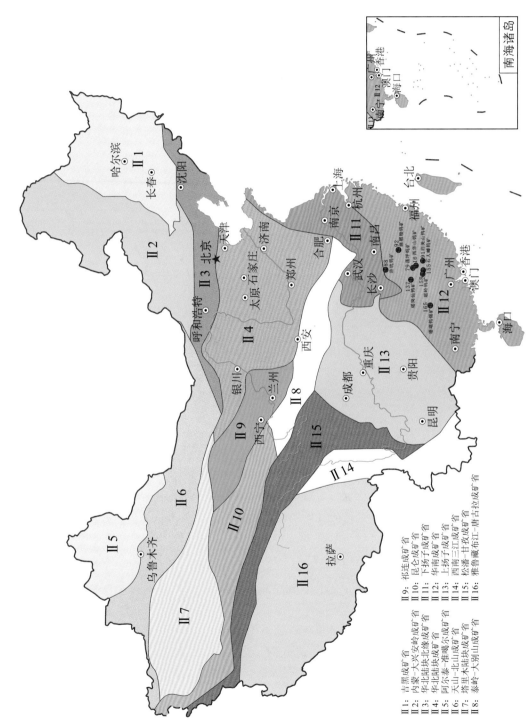

哈尔滨
长春
沈阳
Ⅱ1

Ⅱ2
呼和浩特

北京
天津
济南
石家庄
太原
郑州
合肥
Ⅱ3

Ⅱ4
西安

银川
兰州
Ⅱ9
Ⅱ8
Ⅱ5
乌鲁木齐
Ⅱ6
Ⅱ10
Ⅱ7
西宁
拉萨
Ⅱ16
Ⅱ15
Ⅱ14

成都
重庆
贵阳
昆明
Ⅱ13

武汉
长沙
南昌
南京
杭州
上海
福州
台北

南宁
广州
香港
澳门
海口
Ⅱ11
Ⅱ12

131
88
165
92
79
16
138
135
155

南海诸岛
广州
南宁 Ⅱ12
澳门
香港
海口

Ⅱ1: 吉黑成矿省
Ⅱ2: 内蒙古大兴安岭成矿省
Ⅱ3: 华北陆块北缘成矿省
Ⅱ4: 华北陆块成矿省
Ⅱ5: 阿尔泰-准噶尔成矿省
Ⅱ6: 天山-北山成矿省
Ⅱ7: 塔里木陆块成矿省
Ⅱ8: 秦岭-大别山成矿省
Ⅱ9: 祁连成矿省
Ⅱ10: 昆仑成矿省
Ⅱ11: 下扬子成矿省
Ⅱ12: 华南成矿省
Ⅱ13: 上扬子成矿省
Ⅱ14: 西南三江成矿省
Ⅱ15: 松潘-甘孜成矿省
Ⅱ16: 雅鲁藏布江-唐古拉成矿省

图 2.6 危机矿山勘查钨矿项目实物采集分布图

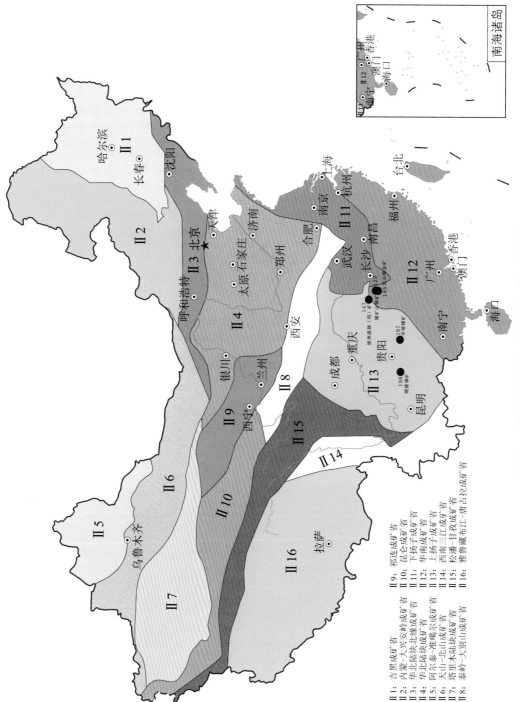

哈尔滨 ⊙ Ⅱ1

长春 ⊙

沈阳

Ⅱ2

北京 ★ 天津
呼和浩特 ⊙ Ⅱ3 济南
太原 ⊙ 石家庄 ⊙
郑州 ⊙
Ⅱ4
西安

银川 ⊙
Ⅱ9 兰州 ⊙ Ⅱ8
西宁 ⊙

Ⅱ6
乌鲁木齐 ⊙

Ⅱ5

Ⅱ7

Ⅱ10

Ⅱ15

Ⅱ14

Ⅱ16
拉萨 ⊙

上海
南京 ⊙ 杭州 ⊙
Ⅱ11
合肥 ⊙
武汉 南昌 福州 ⊙
长沙 ⊙
Ⅱ12
广州 ⊙
香港
成都 ⊙ 重庆 贵阳 147 187 南宁 ⊙ 澳门
Ⅱ13 昆明 ⊙ 188 海口 ⊙

台北 ⊙

Ⅱ1: 吉黑成矿省
Ⅱ2: 内蒙一大兴安岭成矿省
Ⅱ3: 华北陆块北缘成矿省
Ⅱ4: 华北陆块成矿省
Ⅱ5: 阿尔泰一准噶尔成矿省
Ⅱ6: 天山一北山成矿省
Ⅱ7: 塔里木陆块成矿省
Ⅱ8: 秦岭一大别山成矿省
Ⅱ9: 祁连成矿省
Ⅱ10: 昆仑成矿省
Ⅱ11: 下扬子成矿省
Ⅱ12: 华南成矿省
Ⅱ13: 上扬子成矿省
Ⅱ14: 西南三江成矿省
Ⅱ15: 松潘一甘孜成矿省
Ⅱ16: 雅鲁藏布江—唐古拉成矿省

图 2.7　危机矿矿山勘查锑矿项目实物采集分布图

南海诸岛
Ⅱ12
广州
南宁 香港
澳门
海口

要矿物为辉锑矿、石英、方解石，次要矿物为重晶石、萤石，另外有少量黄铁矿。次生矿物有锑华、黄锑华、锑赭石、石膏。脉石矿物以石英为主，次为方解石。矿石结构多为自形、半自形、他形粒状结构，其次为充填结构、交代结构等。矿石构造为致密块状、脉状、浸染状、角粒状、条带状和晶洞状构造等。

（5）锡矿（图2.8）

本次采集的锡矿共有2个。

铜坑锡矿为一个成矿物质多来源、控矿因素多样化和矿床类型多种类的超大型锡多金属矿床，本次危机矿山接替资源找矿发现了黑水沟–大树脚锌铜矿床等，进一步证实了大厂矿田深部找矿的巨大潜力。

栗木锡矿则为典型的蚀变花岗岩型锡石–稀有金属矿床。栗木锡矿地处南岭锡矿带西段，是一以蚀变花岗岩型锡矿床为主的典型亲氧系列原生锡矿床，成矿时代为燕山早期。矿区目前已发现4处蚀变花岗岩型锡铌钽矿床，即老虎头表露矿床、水溪庙隐伏矿床、金竹源隐伏矿床和狮子岭隐伏矿床。上述矿床均赋存于第三阶段花岗岩边缘隆起或隐伏于地下向围岩凸起部位，其矿化除与钠长石化有关外，与云英岩化的关系更密切。矿体呈厚薄不均的似层状或皮壳状。锡矿体平均厚度为 $12 \sim 18.7\text{m}$，平均品位为 $0.260\% \sim 0.339\%$。4个矿床中除锡铌钽外，均伴有可综合利用的钨。矿石矿物主要为锡石、铌钽锰矿，其次有细晶石、钽金红石、黑钨矿、胶态锡石、黝锡矿等。脉石矿物主要有石英、钠长石、锂云母、微斜长石、黄玉、氟磷锰矿以及萤石、绢云母、碳酸盐等。锡石的粒度较细，粒径大多为 $0.1 \sim 0.5\text{mm}$，分布于脉石矿物粒间空隙和微裂隙中，与锂云母、石英、黄玉、氟磷锰矿、钠长石密切共生。矿石具自形粒状结构、压碎结构和交代结构。矿石构造以浸染状为主，次为条带状构造。浸染状构造可分为稀疏浸染状和稠密浸染状。稀疏浸染状是矿床中最普遍的矿石构造。本次危机矿山找矿项目新发现的鱼菜矿床，经钻探初步探明为一隐伏花岗岩型锡钨矿床，其规模达到中型。

（6）钼矿、铝土矿、镍矿

这些矿种采集的矿床数很少，钼矿、铝土矿、镍矿各为1个，即广东大宝山钼多金属矿、河南夹沟铝土矿、吉林红旗岭镍矿。

其中，广东大宝山钼多金属矿位于粤北坳陷翁源凹褶断束的北西段，属于曲江盆地南东缘，处于大宝山–贵东东西向构造带与北江深断裂带的复合部位，是粤北多金属硫化物成矿区的一部分，矿床类型属于斑岩型。矿区发育有大规模的铁、铜、铅锌矿，而在花岗斑岩体顶部发现具有超大型远景的斑岩型钼矿化。成矿地质体为花岗斑岩，以钼钨矿化为成矿中心，有色金属矿成矿与岩浆热液作用有关，向外围逐渐发育矽卡岩型钼矿、脉型铜矿、铜铅锌矿、铅锌矿、铅锌银矿，最远端是脉状菱铁矿。

河南夹沟铝土矿位于参店–龙门铝土矿带的东段，为一大型铝矿床，矿层赋存于中奥陶统马家沟组灰岩的侵蚀面上，上石炭统本溪组的中上部。

红旗岭镍矿床地处华北地台和吉黑地槽系接触带——辉发河断裂带内，属大型铜镍硫化物矿床。与铜镍成矿有关的岩体具有复合杂岩体特征，多属辉长岩–辉石岩–橄榄岩型镁铁–超镁铁质岩。铜镍矿体呈似板状、脉状、透镜状及囊状等赋存于镁铁–超镁铁质岩体内。矿床属岩浆深部熔离分异成因。

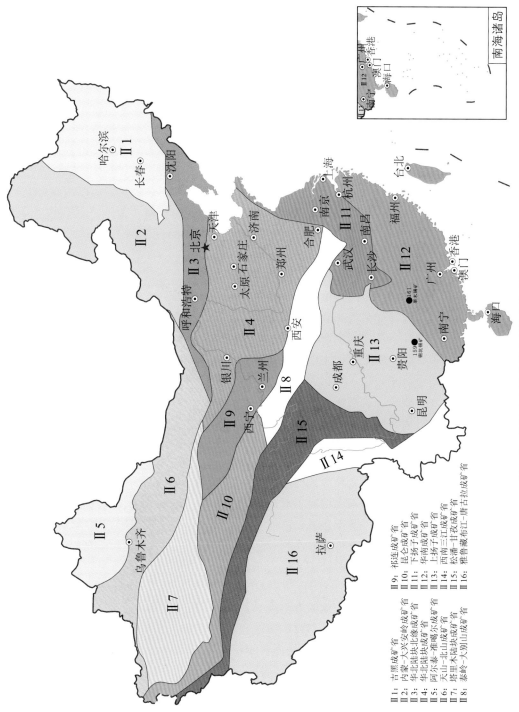

II 1: 吉黑成矿省
II 2: 内蒙—大兴安岭成矿省
II 3: 华北陆块北缘成矿省
II 4: 华北陆块成矿省
II 5: 阿尔泰—准噶尔成矿省
II 6: 天山—北山成矿省
II 7: 塔里木陆块成矿省
II 8: 秦岭—大别山成矿省

II 9: 祁连成矿省
II 10: 昆仑成矿省
II 11: 下扬子成矿省
II 12: 华南成矿省
II 13: 上扬子成矿省
II 14: 西南三江成矿省
II 15: 松潘—甘孜成矿省
II 16: 雅鲁藏布江—唐古拉成矿省

图 2.8 危机矿山勘查锡矿项目实物采集分布图

·29·

2.2.2.3　贵金属

（1）金矿（图2.9）

金矿是本次采集中矿种数量最多的类型，共计采集了30个项目的实物地质资料。其分布范围十分广泛，主要分布于山东、河南、陕西、四川、甘肃、辽宁、吉林、贵州、湖南、新疆、黑龙江等省（区）。按成因类型划分，主要有岩浆热液型、矽卡岩型、次火山岩型、韧性剪切带型。岩浆热液型中，包括石英脉型（玲珑式）、蚀变岩型（焦家式）、热液型（钠长角砾岩型、细微粒浸染型）等。

石英脉型金矿也称为"玲珑式金矿"，山东省招远玲珑金矿、金翅岭金矿、烟台邓格庄金矿、吉林夹皮沟金矿、河南秦岭金矿、灵宝金矿均属于此类型。总体特征是金赋存于含黄铁矿石英脉中，矿脉厚度变化较大，一般十几厘米至几十厘米，少数1~3m，个别达5m以上；矿脉长度一般为几十米至几百米，少数达1000m以上。矿脉常成群出现，其展布往往受断裂构造控制。矿石中矿物以黄铁矿为主，其次为黄铜矿、毒砂、方铅矿、闪锌矿等。金以自然金形式赋存于其中，呈包裹金、间隙金和裂隙金。脉石矿物主要为石英，少量长石及碳酸盐矿物。

玲珑金矿位于山东省招远市，属于超大型金矿，处于华北地台鲁东胶东北隆起的招远断块中部。金矿赋存于玲珑花岗岩体内，含金蚀变带及金矿体的空间展布、规模、形态均受招平断裂带北延部分即破头青断裂伴生的玲珑帚状构造控制。全区有大小不等的含金石英脉及蚀变带共计500余条，其中规模较大的有10余条，宽数米至数十米，长1000m至数千米。矿体产于矿脉的膨大部位、由陡变缓部位、两组断裂交汇部位及矿脉分支复合部位，呈透镜状、扁豆状和脉状。矿石类型有含金蚀变花岗岩型和含金黄铁矿石英脉型。金属矿物以银金矿、自然金、黄铁矿、黄铜矿为主；脉石矿物以石英绢云母为主，围岩蚀变有绢云母化、硅化、黄铁矿化和碳酸盐化。

蚀变岩型金矿也称为"焦家式"金矿，主要有山东莱州三山岛金矿、金城金矿、河南灵宝大湖金矿、灵湖金矿、洛宁上宫金矿、陕西略阳县铧厂沟金矿、广西贺州龙水金矿等。矿床产于规模较大的糜棱岩带或韧性或脆性-韧性断裂带中，与黄铁矿化和黄铁绢英岩化交代蚀变作用有关。金矿石多以浸染状产出，并伴有数量不等的石英网状细脉。矿体厚度一般1~4m，特厚矿体可达十几米，矿体长度几百米到数千米。矿石中金属矿物以黄铁矿为主，常伴有少量黄铜矿、方铅矿、闪锌矿、磁黄铁矿等，金主要在黄铁矿中呈晶隙金、裂隙金和包裹金赋存。脉石矿物主要是石英、绢云母和方解石等。

与岩浆热液成因有关的金矿还有河南省桐柏县银洞坡金矿、湖南省平江县黄金洞金矿、湖南省沅陵县沃溪金锑钨矿、陕西省洛南县陈耳金矿、甘肃省玛曲县格尔珂金矿、辽宁省凤城市白云金矿、新疆哈巴河县多拉纳萨依金矿等。

平江县黄金洞金矿区位于扬子成矿域著名的江南地块金-锑-钨-铅-锌-锡成矿带，为江南隆起金成矿带中部的湘东北-赣西金矿成矿区。黄金洞矿区地处湘东北，位居扬子准地台南缘，江南地轴中部，处于扬子板块与华南板块的汇聚碰撞带上。湘东北地区是湖南省十分重要的金、铜、钴等多金属富集成矿带，它沿扬子准地台南缘与滇东北、川南和赣东北成矿带相衔接，形成一个规模宏大的重要的跨省金、铜多金属成矿区带。从成矿域的角度来看，湘东裂谷多金属成矿带是处于华南成矿域与扬子成矿域的交接部位、

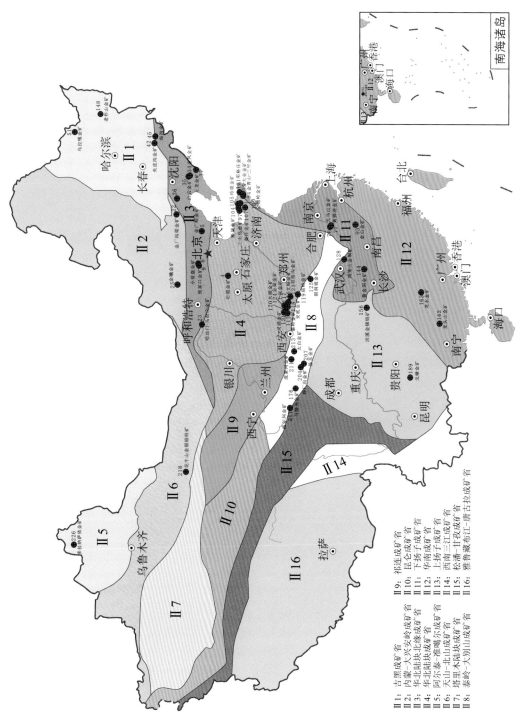

图 2.9 危机矿产勘查金矿项目实物采集分布图

II 1: 吉黑成矿省
II 2: 内蒙古一大兴安岭成矿省
II 3: 华北陆块北缘成矿省
II 4: 华北陆块成矿省
II 5: 阿尔泰一准噶尔成矿省
II 6: 天山一北山成矿省
II 7: 塔里木陆块成矿省
II 8: 秦岭一大别山成矿省

II 9: 祁连成矿省
II 10: 昆仑成矿省
II 11: 下扬子成矿省
II 12: 华南成矿省
II 13: 西南三江成矿省
II 14: 上扬子一甘孜成矿省
II 15: 松潘一甘孜成矿省
II 16: 雅鲁藏布江一唐古拉成矿省

受北东向区域性深大断裂控制的巨型金、铜、钴多金属成矿带。该成矿带大致南西起于湘西南，向北东往湘东北延入赣北九岭、怀玉山一带。其西北侧是以低温、中低温热液矿床为主的扬子成矿域，东南侧则是以高温多金属热液矿床为特征的华南成矿域。黄金洞矿区先后发现矿脉 19 条，分别是：1 号矿脉两个（1、1（东）），202 号矿脉一个（202），3 号矿脉两个（3、3（东）），301 号矿脉 1 个（301），601 号矿脉 1 个（601），602 号矿脉 1 个（602），另在 57 线及 123 线分别见两个小矿体。501 号矿脉深部金矿化弱，未圈出矿体。矿体主要由含金蚀变破碎板岩和含金石英脉组成，局部见含金构造角砾岩（202 号脉西段较典型），矿体形态、产状和规模基本上受断层破碎带控制，矿体沿倾向、走向延伸以 3 号脉最大。区内金矿石类型按矿物组构划分主要有含金蚀变破碎板岩、含金石英脉、含金构造角砾岩和含金蚀变板岩等。

含金蚀变破碎板岩：是组成矿体的主要矿石类型，多分布在断裂破碎带中，由强烈黄铁矿化、毒砂矿化、绢云母化的破碎板岩组成，含金石英细脉沿裂隙呈网状穿插。矿物主要为自然金、黄铁矿、毒砂等，偶见有黄铜矿、闪锌矿，硫化物含量一般为 1% ~ 2%。矿石为鳞片变晶结构，具片状、角砾状及网状构造等。金品位的高低一般与硅化的强弱成正比，金品位 1.00 ~ 23.10g/t，一般为 3 ~ 5g/t。

含金石英脉：表现为含金石英脉沿裂隙填充，大多分布在断裂破碎带中，细脉多分布在断层破碎带两旁羽状裂隙发育的蚀变板岩中。矿物主要为自然金、毒砂、黄铁矿等，结构多为粒状变晶结构及交代残余结构。主要以 3 种形式产出：一种是块状石英脉，呈层状，似层状，主要见于 1 号矿脉 1 号矿体；第二种是角砾状石英，呈透镜状、似层状，主要见于 202 号脉 202 号矿体，含金 1.20 ~ 41.35g/t，一般 3 ~ 6g/t；第三种为石英细脉或条带，常沿岩石节理、裂隙面充填，这类石英脉的出现多少，对矿石金品位的高低有较明显的影响，当石英细（网）脉发育时，矿石金品位明显增高。

微细粒浸染型金矿也称为"卡林型"金矿，主要有贵州省安龙县戈塘金矿和四川省九寨沟市马脑壳金矿。

次火山热液型金矿以河南省嵩县祁雨沟金矿为代表。该矿位于华北克拉通克南缘的熊耳地体，是典型的爆破角砾岩型金矿。金矿床主要赋存于角砾岩体中，并严格受其控制。金矿化主要发生于胶结物中。主要矿石类型为爆破角砾岩和脉状细粒交代石英岩。

韧性剪切带型金矿主要有辽宁省阜新市排山楼金矿、黑龙江省宝清县老柞山金矿、江西省德兴市金山金矿。辽宁省阜新市排山楼金矿所处大地构造位置属中朝准地台北缘、燕山台褶带东端辽西台陷内的北镇凸起北部，其西部与朝阳穹褶断束相接，北面与旧庙断凸相邻，东部下辽河断陷接壤。金矿产于辽西太古宙高级变质花岗岩－绿岩带的中上部层位，以镁铁质－长英质为主的含少量白云质大理岩和条带状磁铁石英岩的一套变火山－沉积岩系为容矿岩石和围岩。金矿体和矿化体主要赋存在长英质糜棱岩及少量黑云斜长糜棱岩中，厚度一般几米至十几米，长度可达 1000m，延深 400m，矿化带厚度一般 10 ~ 100m。长英质糜棱岩原岩为元古宇长城系大红峪组长石石英砂岩，黑云斜长质糜棱岩原岩为太古宇建平群小牟马岭黑云斜长片麻岩，二者之间为韧性剪切构造接触，无明显界线。矿石有两种主要类型，即蚀变长英质糜棱岩型和蚀变黑云斜长质糜棱岩型，前者以浅部为主，后者在深部较发育。矿石中主要金属矿物为黄铁矿和磁黄铁矿，少量黄铜矿和磁铁矿、钛铁矿，微量方铅矿和闪锌矿。黄铁矿占金属矿物总量的 95% 左右。

钠长角砾岩型以陕西太白金矿为代表。矿区位于秦岭褶皱系南秦岭印支褶皱带凤县－镇安褶皱束的北缘，处于本区的西坝－松坪复背斜北翼，具有优越的成矿地质条件。矿区出露地层从老到新为泥盆系中统的王家楞组、古道岭组及双王含金角砾岩带，角砾岩中的角砾为钠长岩类，棱角状，大小不等，大量的含铁白云石含矿热液充填于角砾间的空隙中，以结晶脉体形式成为角砾岩的胶结物。在可见的深部采矿范围内仍稳定存在，角砾岩与上下盘围岩之间没有截然的接触面，多为渐变过渡关系。双王金矿床赋存于该含金角砾岩带中。矿石中由50余种矿物组成。主要贵金属矿物为自然金，并有少量碲金矿和微量银金矿；其他矿物有黄铁矿、褐铁矿（针铁矿和钎铁矿）、钠长石、含铁白云石、绢云母、方解石等，依据矿石的氧化程度和 Fe^{3+}/TFe 比值，将矿石分为氧化矿和原生矿两种类型，以原生矿为主，氧化矿很少，主要分布于地表的风化构造裂隙带两侧，呈网脉状、裂隙状，随深度的增加逐渐减弱而消失。

矿石主要结构有自形—半自形粒状结构、包含结构（自然金、碲金矿和银金矿包于黄铁矿中）、碎裂结构（较早期黄铁矿呈碎裂状，被后期的碳酸盐、钠长石脉穿插充填）。根据不同矿物集合体形态，矿石主要有角砾状构造、浸染状构造、脉状及网脉状构造、团块状构造。

金的赋存状态：自然金的自形晶体不发育，除偶见立方体歪晶外，多呈粒状、树杈状、片状、葡萄状、棒状、丝状、骨架状等。黄铁矿、褐铁矿、含铁白云石均为金的载金矿物，而钠长石、绢云母、石英等不含金。矿石中90%的自然金产于载金矿物的裂隙中和晶隙间，约10%为包裹金。

矽卡岩型金矿以安徽省铜陵市天马山金矿为代表。该金矿区位于下扬子台拗北部下扬子坳陷带中段，处在铜官山背斜倾没端，靠近轴部的东南翼，天鹅抱蛋岩体东侧，矿带长1400m，宽1200m，和著名的铜官山矿床相毗邻，是长江中下游成矿带中重要的成矿区，具有优越的成矿地质条件。根据矿体的赋存部位及矿体与地层的关系，可将天马山硫金矿床的矿体分为层状矿体、接触带矿体和穿层矿体。

接触带矿体主要是天山矿段的Ⅴ号矿体及小矿体，产于岩体与栖霞灰岩的接触带上，矿体呈透镜状、囊状，形态复杂，产状不稳定，局部近于直立，具矽卡岩型矿体的典型特征。

穿层矿体主要是天山矿段的Ⅰ、Ⅱ号矿体，赋存在石炭系黄龙、船山灰岩及船山灰岩与二叠系栖霞灰岩交界处附近，矿体呈不规则透镜状、囊状、筒状，产状较陡，与地层产状不一致。

矿石工业类型：根据矿床的矿物组分、化学成分、元素储量和目前矿山已采用的选冶工艺，主要划分为硫金型、单硫型和单金型矿石。自然类型：矿石成分较复杂，主要金属矿物有磁黄铁矿（占58.5%）、黄铁矿（占17.5%），其次有毒砂（占1.8%）、胶状黄铁矿（占3.7%）、磁铁矿（占1.3%）、黄铜矿（占0.4%）等。脉石矿物（占18.1%）主要有石英、方解石、白云石、滑石、蛇纹石、绿泥石、石榴子石、菱铁矿等。矿石中的主要化学组分有硫、金、砷，次要组分有铜、铅、锌、银、铁等。

矿石组构可划分为沉积成岩组构、沉积－热变质组构和热液叠加组构，由于受改造的影响，以后两种组构为主。矿石的结构主要有热液叠加作用形成的自形—半自形晶结构，磁黄铁矿交代黄铁矿形成的交代残余结构，以及沉积胶状黄铁矿－黄铁矿的重结晶三联嵌生结构，此外，还有压碎结构、边缘结构、乳浊状结构、包含结构、变余结构等。

矿石构造主要有块状构造、浸染状－稠密浸染状构造、条带（纹）状构造、角砾状构造等。

（2）银矿

本次采集共有刁泉银铜矿和大井银铜矿 2 个银矿床的实物入库。成矿类型分别为矽卡岩型和热液脉型。

刁泉银铜矿床位于山西灵丘县，为产在大理岩和花岗斑岩接触带中的大型银、铜矿床，并伴生有钼、铁、铅等多金属，受花岗岩体与灰岩接触带构造控制，矿体赋存于内、外接触带有利构造部位的矽卡岩内，具有多期多次成矿叠加成因，与成矿有关的刁泉岩体、小彦－枪头岭岩体由黑云母辉石闪长岩、斑状黑云母花岗岩、花岗闪长岩、花岗斑岩、石英斑岩组成。

大井银铜锡矿床位于内蒙古东部林西县境内，中生代林西断隆与大板断陷火山盆地交接带的断陷一侧。其银工业储量达大型规模，铜和锡分别达中型，铅锌具较好的远景。该矿床不仅是黄岗－甘珠尔南矿带川西南段的重要矿床，也是国内在金属组合上较为罕见的矿床之一。矿体赋存于林西组中，是一个与次火山热液有关的脉状矿床，其成矿元素组合复杂，具有亲氧（锡）和亲硫（铜、铅、锌、银）两套成矿元素组合。矿区范围内脉岩发育，与成矿关系密切，可分为霏细岩和英安斑岩两大类。脉岩及其蚀变特征是该区重要的找矿标志。

2.2.2.4 非金属（图 2.10）

共采集了 6 个项目的实物地质资料，其中磷矿 5 个、石墨矿 1 个。

（1）磷矿

磷矿的采集很富有代表性，囊括了我国湖北、江苏和贵州 3 个主要的磷矿产区，分别为湖北樟村坪磷矿、放马山磷矿、江苏锦屏磷矿、新浦磷矿和贵州息烽磷矿。矿床的成因类型可分为沉积型磷块岩矿床和海相沉积变质型磷灰石矿床。采集的矿床以锦屏磷矿最为有名。

江苏省连云港市锦屏磷矿属浅海相沉积变质磷灰岩矿床，大地构造位置处在华北地台与扬子地台接壤部位，属胶东台凸的东南隅，矿区内出露的地层为胶东群及海州群，其中胶东群仅见胸山组，海州群以锦屏组为主，云台组次之。其中，锦屏组为含矿层位，分出上、下两个岩性段，上段岩性为片麻状片岩及大理岩，下段岩性为砾石片岩、磷灰岩、大理岩、片岩、石英岩等。开采的有东山和西山两个最大的矿体。东山、西山两个矿体呈层状、似层状赋存在海州群锦屏组内、锦屏倒转背斜东西两翼分别称为上层矿和下层矿。矿石划分为 3 种类型：细粒磷灰岩、云母磷灰岩和锰磷矿，锰磷矿向深部过渡为大理岩。矿体顶、底板围岩和夹层均为白云质大理岩和云母片岩。

（2）石墨矿

本次采集的石墨矿为黑龙江中兴石墨矿。中兴石墨矿为我国大型石墨矿床，其矿石主要为矽线石片岩型。石墨矿是国家实物地质资料库实物体系建设中尚缺少的一类非金属矿。

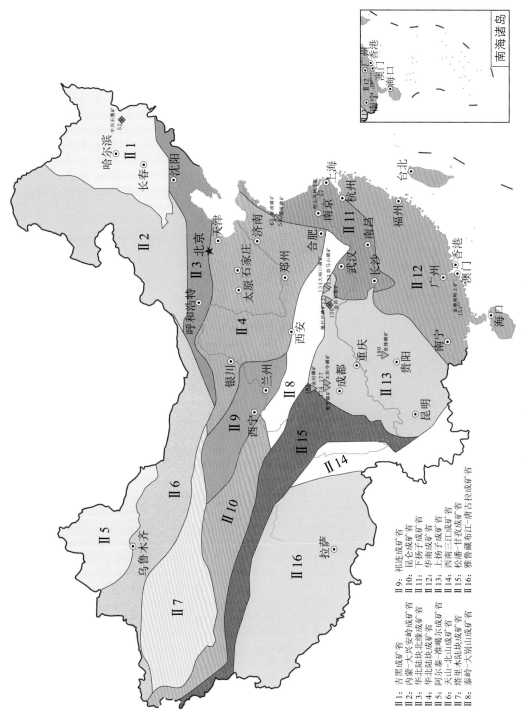

图 2.10 危机矿山勘查非金属项目实物地质资料采集分布图

II 1: 吉黑成矿省
II 2: 内蒙－大兴安岭成矿省
II 3: 华北陆块北缘成矿省
II 4: 华北陆块成矿省
II 5: 阿尔泰－准噶尔成矿省
II 6: 天山－北山成矿省
II 7: 塔里木陆块成矿省
II 8: 秦岭－大别山成矿省

II 9: 祁连成矿省
II 10: 昆仑成矿省
II 11: 下扬子成矿省
II 12: 华南成矿省
II 13: 上扬子成矿省
II 14: 西南三江成矿省
II 15: 松潘－甘孜成矿省
II 16: 雅鲁藏布江－唐古拉成矿省

第 3 章　典型实例

3.1　海南省昌江县石碌铁矿

3.1.1　概述

石碌铁矿位于海南省昌江县石碌镇境内，是我国最大的露天富铁矿。矿区位于华夏陆块的琼中裂陷槽内中－新元古代微陆块，成因类型为沉积变质型。矿区出露地层主要为寒武系－奥陶系石碌群。出露的岩浆岩主要为花岗闪长岩。钴、铜矿体产于石碌群第六层第一段，呈似层状、扁豆状，共 47 个矿体，主要分布于北一和南矿区段。矿床赋存于石碌群的浅变质岩系中。矿石矿物为赤铁矿，少量磁铁矿、黄铁矿、磁黄铁矿等。矿石结构以细鳞片状为主，变余粉砂结构为次；片状构造为主，次为块状、条带状构造。

危机矿山接替资源勘查工作起止时间为 2006～2009 年，2007 年底完成钻探 3394m，其中 ek11 线的 ZK1101 孔和 ek13 线的 ZK1202、ZK1302 孔均见矿。海南石碌铁矿资源接替项目是应用"三位一体"的找矿预测方法通过矿田构造研究部署探矿工程而获得成功的例子。

3.1.2　实物地质资料采集

3.1.2.1　岩心

采集 ZK1101（孔深 100～705m）、ZK1202（孔深 150～647m）、ZK1302（孔深 450～888m）3 个钻孔的岩矿心，合计 1540m。这 3 个钻孔不仅揭示了矿区大规模的铁金属矿化，显示具有巨大的铜银多金属矿找矿潜力，而且揭示出铁金属矿化有向深部延伸的趋势，存在铁矿资源的巨大找矿潜力。

3.1.2.2　系列标本

在矿区采集各种典型类型的矿石标本、蚀变围岩标本、含矿岩系典型岩石标本 30 块（图 3.1 至图 3.3），标本规格大约 30cm×30cm×20cm。标本采集部位为顶板、近矿围岩、围岩及近矿层强烈蚀变处。标本都按技术要求进行编录，绘制采样位置图，填写标本登记表。

3.1.2.3　大标本

大标本（图 3.4）采集地点在石碌铁矿北一采场 108m 台阶处。大标本名称：高硫富赤铁矿矿石；矿石品位：TFe 53.7%，SiO_2 13.6%，S 1.6%；大小：2.1m×1.7m×1.2m；质量：16t 左右。

图 3.1 富赤铁矿

图 3.2 磁黄铁矿钴矿石

图 3.3 磁黄铁矿钴矿石

图 3.4 赤铁矿大标本

3.2 西藏自治区曲松县罗布莎铬铁矿

3.2.1 概述

西藏罗布莎铬铁矿床是目前国内规模最大、矿石质量最佳的铬铁矿床。该矿床位于特提斯－喜马拉雅构造带的东端，即雅鲁藏布江蛇绿岩带的东段，在区域构造上受控于雅鲁藏布江缝合带。矿床成因类型为与超基性岩有关的岩浆晚期矿床。矿体成群出现，呈带状分布。矿石矿物主要为铬尖晶石，有微量铂族矿物。脉石矿物以蛇纹石为主，少量绿泥石等。矿体多为致密块状构造，有少量浸染状构造、斑杂状构造和豆状构造。近矿围岩为纯橄岩和斜辉辉橄岩。

西藏自治区曲松县罗布莎Ⅶ矿群及香卡山Ⅷ、Ⅸ、ⅩⅥ矿群。康金拉矿区铬铁矿接替资源勘查项目起止时间为 2006 ~ 2009 年，累计完成钻探 41 个孔 13930.22m，坑探 4310m，浅井 103.1m，槽探 1089m³，平硐 12 个。累计在 41 个钻孔中有 9 个钻孔见矿（图 3.5）。

3.2.2 实物地质资料采集

采集 ZK1202 和 ZK2801 两个钻孔岩心，配套小标本 18 块、大型标本 4 块。

3.2.2.1 岩矿心

1）ZK1202 采集全孔岩矿心，进尺 305.17m，其中矿心进尺 8.43m。在孔深 248.38 ~ 250.1m 处，见厚 1.72m 稀疏浸染状矿石（Cr－4），目估品位 5% ~ 8%；在孔深 250.1 ~ 254.8m 处，见厚 4.7m 的中等浸染状矿石（Cr－3），目估品位 10% ~ 20%；在孔深 294.93 ~ 296.94m 处，见厚 2.01m 的中等浸染状矿石（Cr－2），目估品位 30% 以上。控制 Cr－66 号矿体。在 305.71m 的岩心中，纯橄岩占 14.37%，斜辉辉橄岩占 85.63%，展现了以斜辉辉橄岩为主夹少量纯橄岩异离体岩相带的总体岩石含量与分布特征。

2）ZK2801 采集全孔岩矿心，孔深 369.48m（图 3.6）。见 1 层矿，见矿深度为 326.55 ~ 348.86m，矿层厚度 22.31m，为致密块状铬铁矿。控制 Cr－57 号矿体。本孔岩性主要为斜辉辉橄岩，其次为纯橄岩和蚀变破碎带，显示了以斜辉辉橄岩为主夹纯橄岩异离体的特点。该孔岩性组合中，铬尖晶石含量总体不高，除矿层以外，其余地段均未矿化。

3.2.2.2 系列标本

采集系列标本 18 块，规格 30cm × 30cm × 40cm，这套系列小标本包括矿石和围岩——纯橄岩、斜辉辉橄岩、致密块状铬铁矿、浸染状铬铁矿、豆状铬铁矿等（图 3.7 至图 3.10）。

3.2.2.3 大标本

采集大标本 4 块，其中两块为致密块状铬铁矿石（图 3.11），1 块为辉橄岩（图 3.12），1 块为纯橄岩（图 3.13）。

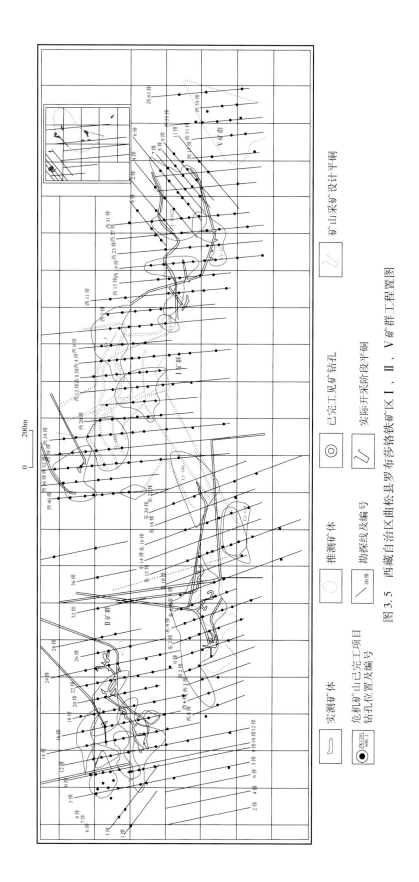

图 3.5　西藏自治区曲松县罗布莎铬铁矿区Ⅰ、Ⅱ、Ⅴ矿群工程置图

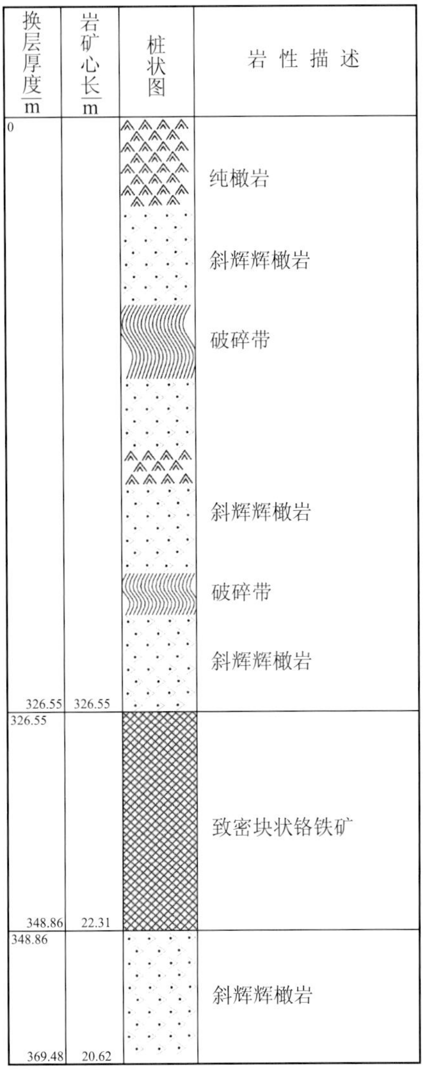

换层厚度/m	岩矿心长/m	柱状图	岩 性 描 述
0			纯橄岩
			斜辉辉橄岩
			破碎带
			斜辉辉橄岩
			破碎带
			斜辉辉橄岩
326.55	326.55		
326.55			致密块状铬铁矿
348.86	22.31		
348.86			斜辉辉橄岩
369.48	20.62		

图 3.6　ZK2801 柱状图

图 3.7　豆状铬铁矿

图 3.8　致密块状铬铁矿

图 3.9　条带状铬铁矿纯橄岩

图 3.10　浸染状铬铁矿

图 3.11　致密块状铬铁矿

图 3.12 辉橄岩

图 3.13 纯橄岩

3.3 湖北省大冶市铜录山铜矿

3.3.1 概述

湖北大冶铜录山铜矿是我国开采历史悠久, 规模大、品位高, 以铜为主的多矿种矽卡岩型铜矿床。矿床位于扬子地台下扬子台褶带向南突出的似弧形断裂坳陷带的西端。矿体主要赋存于大冶群各岩性段与石英二长闪长玢岩接触带内, 由 12 个大小不等的矿体 (群) 组成, 矿体空间展布呈 3 个矿带。矿石矿物主要为黄铜矿、黄铁矿等, 矿石结构主要为粒状变晶结构、交代结构, 条带状构造。

危机矿山接替资源找矿项目工作时间为 2004～2010 年。布置地表钻和坑内钻共 32 个

（图 3.14），累计完成工作量 28663.74m。有 24 个钻孔见矿，见矿视厚度逾 1189m。不但证实已知矿体向深部具有较大延深，且在已知矿体之下发现具较大规模的新矿体。经估算，全矿区总计新增 333 铜金属资源量 25.06×10^4t，铁矿石量 1628.67×10^4t，伴生金资源量 12.93t，伴生银资源量 190.99t。可延长矿山服务年限 17 年，稳定矿山就业人员 4559余人。2008 年 12 月被中国地质学会评为"2008 年度十大地质找矿成果"。通过勘查工

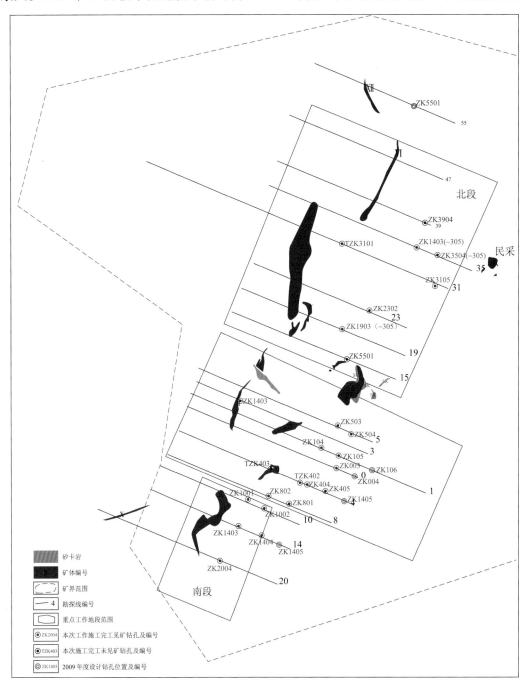

图 3.14　铜录山矿区工程布置图

作，将铜录山铜铁矿床找矿深度从 −500m 推进到 −1200m 以下，对铜录山矿田的深部找矿具有示范作用。取得的成果可带动铜录山矿田乃至鄂东南地区的深部找矿工作，并为成矿理论的创新提供了实际素材。

3.3.2 实物地质资料采集

选取 2 个钻孔的岩心，作为该项目代表性的实物进行采集，分别是钻孔 ZK104、ZK403，钻孔总深 1798.9m，岩心总长 1709.02m，采集典型标本 30 块、大标本 1 块，并收集了有关的图件及文字资料。

3.3.2.1 岩矿心

ZK104 孔位于铜录山矿床 1 勘探线（图 3.15，图 3.16），孔深 895.8m，岩心长 858.3m；共见矿（化）9 层，矿（化）层累厚（视厚）146.92m，主要为铜铁矿，其次为铜矿及单铁矿。品位：铜 0.34% ~ 4.44%，TFe 21.67% ~ 44.71%。

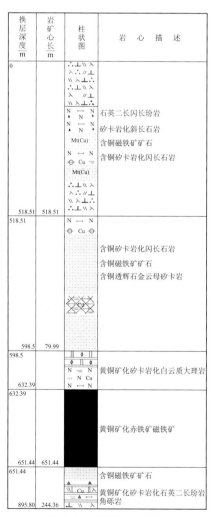

图 3.15　ZK104 柱状图

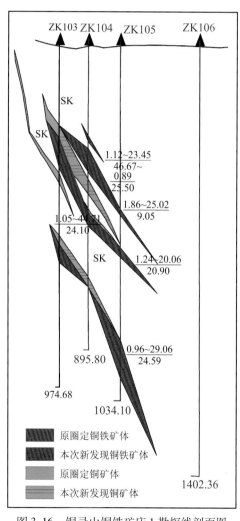

图 3.16　铜录山铜铁矿床 1 勘探线剖面图

ZK403 孔深 903.1 m，岩心长 850.72 m（图 3.17），见矿层 10 层，见矿厚累计 61.7 m，主要为铜铁、铜、铁、钼矿。

图 3.17　接替资源勘查项目整理后岩心

3.3.2.2　系列标本

共采集了 30 块典型标本，规格不小于 30 cm × 30 cm × 20 cm。采集的主矿层位于矿井的 -365 m 中段，主矿层为 IV2 号矿体和 III2 号矿体，并采集了矿体围岩的岩石标本。矿石标本类型主要有含铜磁铁矿、磁铁矿、含铜大理岩（图 3.18 至图 3.20）和含铜白云质大理岩；围岩标本主要有石英二长闪长玢岩、透辉石金云母矽卡岩、白云质大理岩、透辉石矽卡岩、钠长斑岩等。每块标本都进行了采样登记和编号。

图 3.18　含铜大理岩

图 3.19　透辉石金云母矽卡岩　　　　　图 3.20　磁铁矿

3.3.2.3 大标本

两块大标本采自井下 −365m 中段Ⅲ2 号矿体，为含铜磁铁矿矿石（图 3.21）。大标本规格为 0.8m×0.6m×0.6m。

图 3.21　矽卡岩型含铜铁矿石

3.4　青海省兴海县赛什塘铜矿

3.4.1　概述

青海省兴海县赛什塘铜矿区位于青海省兴海县赛什塘乡，距兴海县城 94km，是青海省重要的有色金属矿山之一。矿区位于青海省鄂拉山多金属成矿带（Ⅲ级）内赛什塘 −日龙沟铜矿亚带（Ⅳ级）的东南端，是以铜为主，伴生有铅、锌、硫、铁、金、银、硒、镓、镉等多种有益组分的中型矿床。

矿床组成矿物达 87 种，其中金属矿物 52 种、脉石矿物 35 种。主要金属矿物有磁黄铁矿、黄铜矿、黄铁矿，主要非金属矿物有石英、长石、方解石。

2005 年开始实施危机矿山找矿工作，2009 年 5 月完成了项目野外验收，累计完成实物工作量槽探 1384.14m³、钻探 10768.38m。经钻探工程控制和验证，共圈定矿体 49 个。

3.4.2　实物地质资料采集

共采集 2 个钻孔的全孔岩心及 44 块系列标本、2 块中型标本。

3.4.2.1　岩矿心

1）ZK3106 孔深 899.20m，全孔岩心长 627.80m，岩心采取率 89%（图 3.22）。孔内

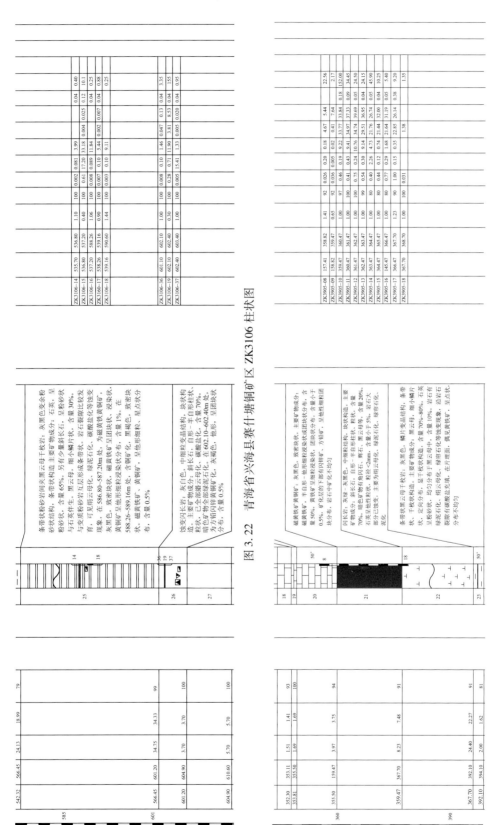

图 3.22　青海省兴海县赛什塘铜矿区 ZK3106 柱状图

图 3.23　青海省兴海县赛什塘铜矿区 ZK3905 号钻孔柱状图

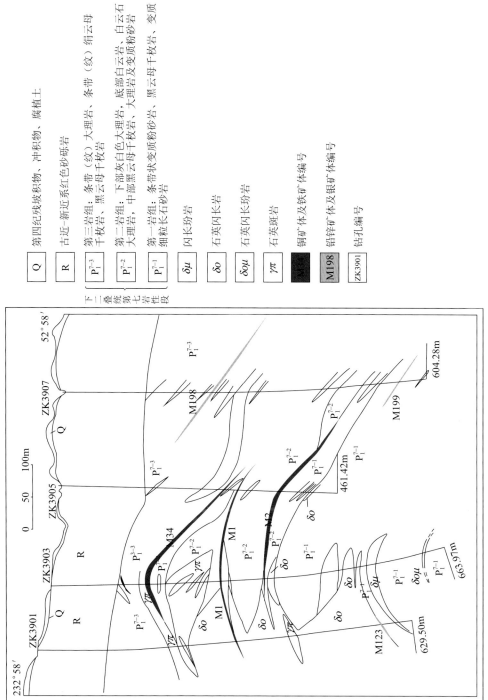

图 3.24　青海省兴海县赛什塘铜矿矿区 39 线地质剖面图

图例：

Q　第四纪残坡积物、冲积物、腐植土

R　古近-新近系红色砂砾岩

P_1^{7-3}　第三岩组：条带（纹）大理岩、条带（纹）绢云母千枚岩、黑云母千枚岩

P_1^{7-2}　第二岩组：下部灰白色大理岩、底部白云岩、白云石大理岩、中部黑云母千枚岩、大理岩及变质粉砂岩

P_1^{7-1}　第一岩组：条带状变质粉砂岩、黑云母千枚岩、变质细粒长石砂岩

$\delta\mu$　闪长玢岩

δo　石英闪长岩

$\delta o\mu$　石英闪长玢岩

$\gamma\pi$　石英斑岩

M34　铜矿体及铁矿体编号

M198　铅锌矿体及银矿体编号

ZK3901　钻孔编号

下二叠统第七岩性段

所见岩层为下二叠统第七岩性段。该孔见7层矿化层，见矿总厚度10.34m，铜品位0.4%～5.0%，铅锌品位0.5%～2.0%。

2）ZK3905孔深461.38m，全孔岩心长274.85m，岩心采取率85%（图3.23，图3.24）。孔内所见岩层为下二叠统P_1a^7岩性段。该孔见3层矿化层：第一层位于269.64～271.48m，为磁黄铁黄铜矿石，视厚度1.84m，品位0.50%左右；第二层位于292.19～292.99m，为磁黄铁黄铜矿石，视厚度0.80m，品位0.50%左右；第三层位于359.47～367.70m，为磁黄铁黄铜矿石，视厚度8.23m。

ZK3106和ZK3905孔控制矿区内的主矿体M2，矿石类型复杂，见有矿区内各种类型围岩及围岩蚀变，为矿区内极具代表性的钻孔。

3.4.2.2 系列标本

在赛什塘铜矿区正在进行生产的3300m和3250m两个中段采集小型矿石标本44块。这些标本基本涵盖了矿区内矿体主要围岩的各种类型岩石标本、顶底板岩石标本、蚀变岩石标本、主要和次要矿种矿石标本、不同结构构造富矿石及不同成矿类型和物质组分的富矿石（图3.25至图3.30）。

图3.25 磁黄铁黄铜矿石

图3.26 磁黄铁矿石

图3.27 铜矿石

图3.28 千枚岩化黄铁矿石

图 3.29　千枚岩化变质粉砂岩　　　　　　　　图 3.30　石英闪长岩

3.4.2.3　大标本

在赛什塘铜矿区采集大中型矿石标本 4 块，分别为磁黄铁黄铜矿石（1 块）（图 3.21）、黄铜矿石（3 块）。

图 3.31　磁黄铁黄铜矿

3.5　湖南省桂阳县黄沙坪铅锌矿

3.5.1　概述

黄沙坪铅锌矿是南岭多金属成矿带中具典型性、代表性的矿床之一，是我国重要的有色金属原料生产基地。接替资源找矿项目取得了重大进展，新增铅锌资源量 $60.9 \times 10^4 t$、

钨锡钼铋 33.76×10^4t 等，潜在经济价值超过 400 亿元。

黄沙坪铅锌多金属矿床的矿石类型较多，按矿物组合可以分为四大类：矽卡岩磁铁矿–辉钼矿–白钨矿矿石（Ⅰ），含银锡方铅矿、闪锌矿、硫铁矿矿石（Ⅱ），矽卡岩白钨矿、辉钼矿–黄铜矿、闪锌矿–方铅矿、闪锌矿–硫铁矿矿石（Ⅲ），石英斑岩黄铜矿矿石（Ⅳ）。矿石结构可分为原生结晶结构（包括自形、半自形晶粒结构、包含结构、填隙结构等）、次生交代结构（包括溶蚀结构、交代残余结构、反应边结构等）、冷却分离与聚集结晶结构（乳浊状结构、文象及蠕虫状结构）和受力变形形成的结构（压碎结构、揉皱结构）等 4 类。矿石构造类型主要有块状构造、条纹状构造、条带状构造、浸染状构造、角砾状构造、细脉状或网脉状构造、变胶状构造及晶洞构造等 8 类。

接替资源找矿项目共投入钻探工作量 11600m。其中，坑内钻 7500m，主要用于深部找矿；地表钻 4100m，主要用于矿区外围找矿。

在 301 靶区布置钻探工作量共 5140m，进一步查明 301 岩体接触带及靶区南部矽卡岩型钨钼多金属矿体及受断裂带控制的钨钼多金属矿体，并在 56m 中段分别布置了 GK10501、GK10903、GK10904、GK11105、GK11107、GK11702、GK12101 等 7 个坑内立钻，探求 333 铅锌资源量。

在 304 靶区布置钻探工作量共 2360m，施工了 GK1301、GK0901、GK0501、GK0801、GK1201、GK1601 等 6 个坑内立钻，分别对 534 铅锌矿体和 580 铅锌（铜）矿体的倾向延深进行了控制。

3.5.2 实物地质资料采集

共采集 2 个钻孔的岩矿心及 189 块系列标本、3 块大标本。

3.5.2.1 岩矿心

1）在 304 矿带上采集 GK0901 全孔岩心。该孔深 850m，岩心总长 791.17m，岩心采取率 93.08%。见 7 层以上铅锌、铅锌（铜）、铅锌钨钼多金属矿化体，其中在 289.26～295.21m 处见 1 层厚约 6m 的含铅锌钨钼矿体（图 3.32，图 3.33）；在 298.91～309.56m 处见厚达 10.65m 的黄铜矿、黄铁矿化灰岩（图 3.34）。

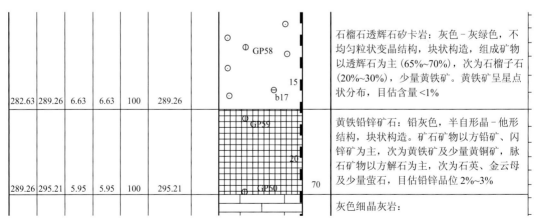

282.63	289.26	6.63	6.63	100	289.26	GP58	15 b17	石榴石透辉石矽卡岩：灰色-灰绿色，不均匀粒状变晶结构，块状构造，组成矿物以透辉石为主（65%~70%），次为石榴子石（20%~30%），少量黄铁矿。黄铁矿呈星点状分布，目估含量<1%
289.26	295.21	5.95	5.95	100	295.21	GP59 GP50	20 70	黄铁铅锌矿石：铅灰色，半自形晶-他形结构，块状构造。矿石矿物以方铅矿、闪锌矿为主，次为黄铁矿及少量黄铜矿，脉石矿物以方解石为主，次为石英、金云母及少量萤石，目估铅锌品位 2%~3%
								灰色细晶灰岩：

图 3.32　GK0901 孔 289.26～295.21m 段柱状图

2）在301矿带上采集GK11105全孔岩心。该孔深840.4m，岩心长770.76m，岩心采取率91.7%（图3.35）。见矿良好，在孔深23.20~537.20m段，见到7层含矿矽卡岩，圈定钨钼多金属矿6层，单层最厚达174.80m，累计见矿厚度达312.95m。控制矿体最深1131m，平均品位：WO_3 0.307%，Mo 0.091%，Bi 0.056%，Sn 0.124%，TFe 14.49%。

图3.33　GK0901孔289.26~295.21m黄铁铅锌矿岩心

图3.34　GK0901孔298.91~309.56m黄铁铅锌矿岩心

图3.35　GK11105孔457.3~467.3m磁铁矿化矽卡岩岩心

3.5.2.2　系列标本

以16线（矿区整体）为主要剖面，分别对92m中段（301矿带）、-56m中段（304-1）、-96m中段（304-2）、20m中段（54#靶区）进行系统的标本采集。共采集标本189块，涵盖了矿区内矿体主要围岩的各种类型岩石标本、顶底板岩石标本、蚀变岩石标本、主次要矿种矿石标本（包括富矿石）、不同结构构造富矿石及不同成矿类型和物质组分的富矿石（图3.36至图3.39）。

3.5.2.3　大标本

采集大型矿石标本3块：2块方铅矿闪锌矿矿石（图3.40）和1块多金属铁钨钼矿矿石（图3.41）。

图 3.36　方铅矿矿石

图 3.37　含铁钨钼矽卡岩

图 3.38　方铅闪锌矿矿石

图 3.39　方铅闪锌矿矿石

图 3.40　方铅矿闪锌矿矿石

图 3.41　铁钨钼多金属矿石

3.6 广东省韶关市凡口铅锌矿

3.6.1 概述

广东省韶关市凡口铅锌矿地处广东省韶关市仁化县董塘镇，距韶关市区55km，属国内乃至亚洲最大的铅锌矿山。凡口铅锌矿矿区位于南岭成矿带中部南侧、曲仁构造盆地北缘铅锌成带东段。除埋藏于浅部的部分矿体为黄铁矿铅锌氧化矿外，其余全部为黄铁铅锌原生矿。黄铁铅锌矿石主要为细粒结构，致密块状构造，铅锌矿物主要呈浸染状，局部呈条带状、脉状交代于黄铁矿中。黄铁铅锌矿体的平均品位：（Pb＋Zn）15.3%，S 37%，Ag＞60g/t，均属富铅锌矿石。矿石主要有用组分为铅、锌，主要伴生组分为银，次要伴生组分为镓、锗、铟、镉等，有害组分主要为砷、氟。

2007年开始实施危机矿山找矿工作，截至2009年12月底，累计完成坑探1335.4m，完成钻探22285.02m。2009年在狮岭东矿带（Ⅱ—Ⅲ区）施工的11个地表钻孔中，有8个钻孔见及矿化（体），钻孔见矿率为72.72%；其中7个钻孔见到14层铅锌工业矿体，4个钻孔见及4层黄铁矿工业矿体。初步估算，两年累计探获333铅锌资源量（金属量）85×10^4t、硫金属量102.66×10^4t，可延长矿山服务年限6年。

3.6.2 实物地质资料采集

共采集3个钻孔的全孔岩心（图3.42）及30块系列标本、4块大中型标本。

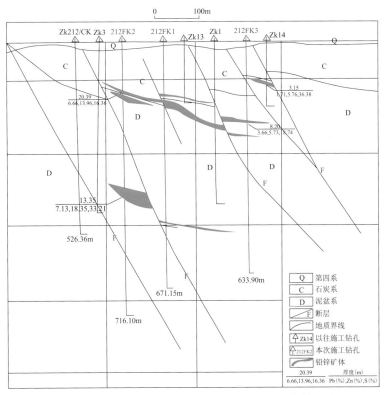

图3.42 广东凡口铅锌矿狮岭东矿带北段212线剖面图

图 3.43　广东凡口铅锌矿区 212FK2 钻孔柱状图

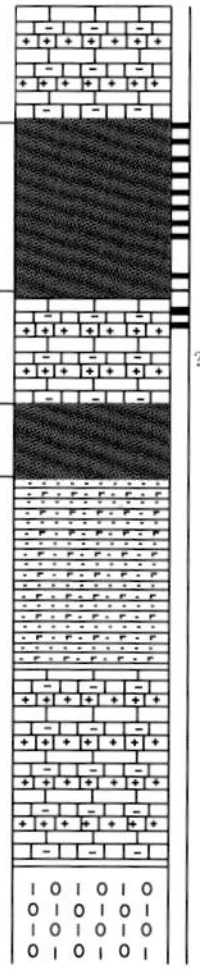

图 3.44　广东凡口铅锌矿区 217FK3 钻孔柱状图

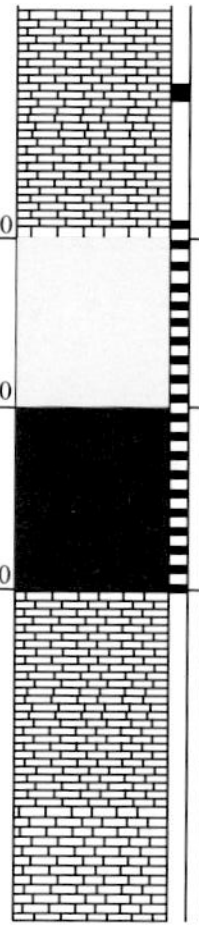

图中柱状及数据表格：

左侧岩性分段数据（序号 深度 厚度 累计）：

序号	深度		厚度	累计
275	757.15	760.15	3.00	100.00
276	760.15	763.15	3.00	100.00
277	763.15	766.15	3.00	100.00
278	766.15	769.15	3.00	100.00
279	769.15	772.15	3.00	100.00
280	772.15	775.05	2.90	100.00
281	775.05	777.95	2.90	2.90
282	777.95	779.45	1.50	100.00
283	779.45	782.45	3.00	100.00
284	782.45	785.45	3.00	100.00
285	785.45	788.45	3.00	100.00
286	788.45	791.45	3.00	100.00
287	791.45	794.45	3.00	100.00
288	794.45	797.45	3.00	100.00
289	797.45	800.45	3.00	100.00
290	800.45	803.45	3.00	100.00
291	803.45	806.35	2.90	100.00
292	806.35	809.35	3.00	100.00
293	809.35	811.65	2.30	100.00
294	811.65		2.30	100.00
295	812.45	815.45	3.00	100.00

Df 铅锌矿：
780.45 781.13 0.68 ... 78.10 78.10 100.00 100.00

岩性描述：

784.24~784.50m 为黄铁铅锌矿：灰黄色，致密结构，块状构造，上界线突变，下界线由脉状向星点状过渡。784.50~784.90m 为块状灰岩：灰白色，块状构造，微晶结构，块状构造

784.90~785.10m 为黄铁铅锌矿：深灰色，致密结构，块状构造，灰白色，致密结构，块状构造。785.10~786.65m 为块状灰岩：矿体上下界线清晰。 70.00 0.00/68.00 0.00/0.00

786.65~787.60m 为黄铁铅锌矿：灰褐色，致密结构，块状构造，主要矿石矿物为黄铁矿、方铅矿、闪锌矿；脉石矿物为方解石、矿体上盘界线渐变过渡，下盘界线呈突变。787.60~834.15m 为块状构造或条纹状灰岩与条纹状灰岩互层：灰色，微晶结构，块状构造或条纹状灰岩，中间夹白云质灰岩、条纹状灰岩、泥质粉砂岩以及泥灰岩，局部含生物碎屑，细小舖细粒

右侧数据表：

序号	深度		厚度	累计
25	779.45	780.45	1.00	100
26	780.45	781.13	0.68	100
27	781.13	782.13	1.00	100
28	782.13	783.13	1.00	100
29	783.13	784.25	1.12	100
30	784.25	785.10	0.85	100
31	785.10	786.10	1.00	100
32	786.10	786.65	0.55	100
33	786.65	787.60	0.95	100
34	787.60	788.60	1.00	100

图 3.45 232FK2 钻孔柱状图

3.6.2.1　岩矿心

1）212FK2采集全孔岩心（图3.43）。孔深750m，全孔岩心长746.60m，岩心采取率99.5%。见矿良好，分别在134.20～154.59m、163.65～164.79m、397.00～410.35m、414.10～417.80m、431.70～438.20m见矿，总厚度45.08m。见矿平均品位：Pb 2.11%～7.39%，Zn 1.02%～18.35%，S 16.36%～33.21%。

2）217FK3钻孔采集全孔岩心（图3.44）。孔深568m，全孔岩心长565.80m，岩心采取率96.23%。3处见矿，总厚39.25m。

3）232FK2钻孔全孔岩心（图3.45）。孔深977.35m，全孔岩心长976.95m，岩心采取率99.50%。在503.25～508.48m、784.25～785.10m见矿，总厚度6.08m。见矿平均品位：Pb 1.98%～5.91%，Zn 2.69%～13.85%，S 4.46%～13.2%。

3.6.2.2　系列标本

共采集标本30块。这些标本基本涵盖了矿区内矿体主要围岩的各种类型岩石（图3.46至图3.51）标本、顶底板岩石标本、蚀变岩石标本、主要和次要矿种矿石标本（包括富矿石）、不同结构构造富矿石及不同成矿类型和物质组分的富矿石。

图3.46　浅灰色花斑状白云质灰岩

图3.47　灰色条带瘤状灰岩

图3.48　条带状钙质粉砂岩

图3.49　断层角砾岩

图 3.50　黄铁矿石　　　　　　　　　　图 3.51　黄铁铅锌矿石

3.6.2.3　大中型标本

采集大型矿石标本 1 块（黄铁铅锌矿石）、中型标本 3 块（黄铁铅锌矿石（图 3.52）、铅锌矿石、铅锌黄铁矿石）。

图 3.52　黄铁铅锌矿石

3.7 辽宁省抚顺市红透山铜锌矿

3.7.1 概述

辽宁省抚顺市红透山铜矿是我国成矿年代最老的铜矿床。矿床类型为与新太古代绿岩带有关的变质岩层状铜矿床，是典型的红透山式块状硫化物铜锌矿床。矿区位于浑河断裂北侧，铁岭－清原隆起南缘。矿床赋存于红透山组中段和下段。矿石矿物主要有黄铁矿、磁黄铁矿、闪锌矿、黄铜矿等。金属矿物组合主要以黄铁矿、磁黄铁矿、闪锌矿、黄铜矿为主，其次为磁铁矿、辉钼矿、方铅矿、银金矿；脉石矿物复杂，有石英、金红石、硅镁石、白云母、黑云母、长石等 20 种。

矿石结构为结晶结构、溶蚀结构和固溶结构。构造以粗粒致密块状构造为主，其次为浸染状构造。

危机矿山接替资源勘查工作起止时间为 2004~2009 年，主要在矿区开展普查找矿工作（图 3.53），探寻深部矿体。累计安排实物工作量坑探 6550m、坑内钻探 10900m、地表钻探 12400m。施工的几个钻孔均穿截深部矿体，其中 ZK1－1 孔总计穿截厚度达 43.4m，矿体真厚度为 21.7m；ZK2－2 孔见到 3 层矿体，累计穿截厚度 41.5m。已获得推断的内蕴经济资源量（332＋333）高品位矿石量 $688 \times 10^4 t$，铜锌金属量超过 $20 \times 10^4 t$。

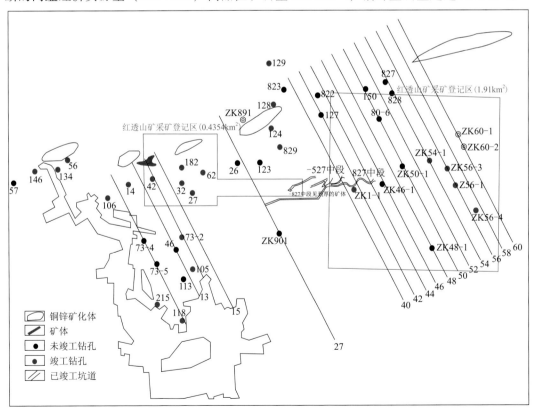

图 3.53 红透山矿区工程部署图

3.7.2 实物地质资料采集

采集 3 个钻孔的岩矿心及 12 块系列标本、1 块大标本。

3.7.2.1 岩矿心

选取 3 个钻孔岩矿心——ZK56 - 3（孔深 1353.3m）（图 3.54）、ZK2 - 2（孔深 431m）、ZK2 - 1（孔深 262.2m），合计孔深 2046.5m。这 3 个钻孔揭示了矿区大规模的金属矿化，反映金属矿化有向深部延伸的趋势，表明该矿带深部存在巨大找矿潜力。钻孔岩心采取率很高，深度较大，品位较高，为矿区内极具代表性的钻孔。

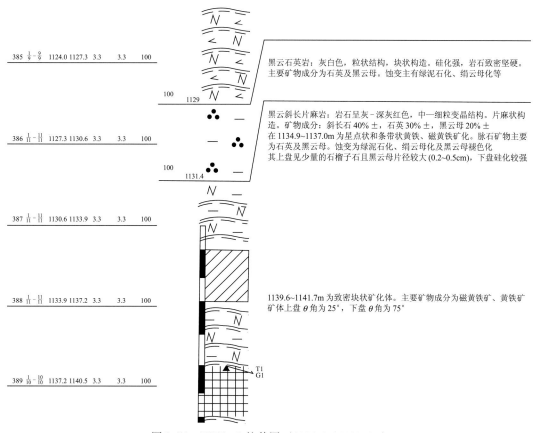

图 3.54 ZK56 - 3 柱状图（1124.0 ~ 1140.5m）

3.7.2.2 系列标本和大标本

在矿区采集各种典型类型的矿石标本、蚀变围岩标本、含矿岩系典型岩石标本 12 块（图 3.55 至图 3.58），标本规格大约 20cm×20cm×20cm，采集大型富矿石标本 1 块，规格为 130cm×120cm×100cm，质量约 6.6t。按技术要求进行了编录，并绘制了采样位置图，填写标本登记表。

图 3.55　角闪斜长片麻岩

图 3.56　黄铁黄铜矿矿石（富矿）

图 3.57　黄铁黄铜矿矿石（富矿）

图 3.58　矽线石黑云母片麻岩

3.8　湖南省冷水江市锡矿山锑矿

3.8.1　概述

锡矿山锑矿位于湖南省冷水江市，是一座超大型锑矿床，其锑矿储量达 $200 \times 10^4 t$，被誉为"世界锑都"。矿田处于南岭东西向构造带中段北侧、祁阳弧形构造带的北西翼，赋矿层位主要为上泥盆统佘田桥组，成矿受地层和构造的联合控制。

矿石矿物成分较单一，主要矿物为辉锑矿、石英、方解石，次要矿物为重晶石、萤石，另外有少量方解石。根据矿石中的矿物组合，矿石类型可划分为 4 种：以石英－辉锑矿型为主；其次是石英－方解石－辉锑矿型，石英－重晶石－辉锑矿型仅局部出现，石英－萤石－辉锑矿型极为罕见。前两种矿石类型的矿量占矿田总储量的90% 以上。

矿石结构多为自形、半自形、他形粒状，其次为充填结构、交代结构等。矿石构造为致密块状、脉状、浸染状、条带状和晶洞状等。

本次危机矿山接替资源勘查项目累计投入实物工作量：地表钻探 15434.05m，坑内钻探 1307.22m，槽探 2996m³，坑探 4544.8m。

1）在飞水岩矿床边深部布置坑内立钻结合地面钻探求 333 资源量。地面钻探 13 个孔 7780m，坑内立钻 12 个孔 2000m。

2）在老矿山矿床和童家院矿床边深部共部署地面钻进尺 11 个孔 4720m，用稀疏钻孔控制深部 333 资源量。

3.8.2 实物地质资料采集

共采集 2 个钻孔的岩矿心及 29 块系列标本、1 块大标本。

3.8.2.1 岩心

1）选取飞水岩矿床 47 号线 ZK4709 钻孔采集全孔岩心（图 3.59）。该孔为地表钻，孔深 845.48m，在井深 766.50～767.70m 见赋存于 D_3s^2 顶部（矿山第一小层）的 I 号矿体，角砾中辉锑矿细脉发育，辉锑矿呈块状、网脉状、浸染状胶结，矿体真厚度为 1.51m，锑品位 1.01%。该钻孔在 -420m 位置揭露的 I 号矿体扩展了 F_{75} 断层下盘及飞水岩背斜南倾伏端及其西翼的找矿空间。

图 3.59　ZK4709 钻孔柱状图与岩矿心

2）选取北矿的老矿山矿床—童家院矿床的 ZK1618 钻孔全孔岩心（图 3.60）。该孔为地表钻，孔深 420.15m，全孔岩心长 390.83m。该孔系统揭露了长龙界（D_3x^1）、佘田桥页岩段（D_3s^3）、佘田桥灰岩段（D_3s^2）、棋梓桥（D_2q）地层；揭露了受 F_3 构造及棋梓桥地层联合控制的 IV 号矿体，所揭露的含矿岩系地层硅化蚀变强烈，矿化较弱。

3.8.2.2 系列标本

在矿山各开采中段采集 31 块系列标本，包括围岩、蚀变围岩及各种类型矿石标本（图 3.61 至图 3.66）。

| D$_2$q^2 | 369.35 | | | | 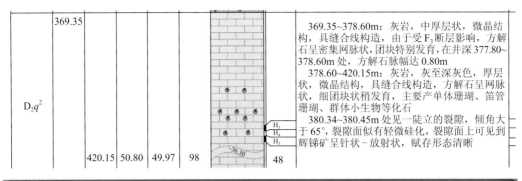 | | 369.35~378.60m：灰岩，中厚层状，微晶结构，具缝合线构造，由于受F$_3$断层影响，方解石呈密集网脉状，团块特别发育，在井深377.80~378.60m处，方解石脉幅达0.80m

378.60~420.15m：灰岩，灰至深灰色，厚层状，微晶结构，具缝合线构造，方解石呈网脉状，细团块状稍发育，主要产单体珊瑚、笛管珊瑚、群体小生物等化石

380.34~380.45m处见一陡立的裂隙，倾角大于65°，裂隙面似有轻微硅化，裂隙面上可见到辉锑矿呈针状－放射状，赋存形态清晰 |
| | 420.15 | 50.80 | 49.97 | 98 | | 48 | |

图 3.60　ZK1618 钻孔柱状图与矿化灰岩岩心

图 3.61　矿化灰岩

图 3.62　方解石—辉锑矿

图 3.63　角砾状辉锑矿

图 3.64　辉锑矿（发育有晶洞）

图 3.65　辉锑矿晶体

图 3.66　黄锑华

3.8.2.3　大标本

采集 1 块大型锑矿矿石标本（图 3.67）。

图 3.67　锑矿矿石

3.9　山东省招远市玲珑金矿

3.9.1　概况

玲珑金矿床属含金石英脉型，通常称之为玲珑型金矿。玲珑型金矿主要分布在燕山晚期斑状花岗闪长岩体的内外接触带，矿体形态比较简单，主要是含金石英脉，其次是含金蚀变岩带。金属矿物有黄铁矿、方铅矿、闪锌矿、黄铜矿、毒砂、磁黄铁矿、黝铜矿、辉铜矿、辉铋矿、银金矿、自然金等。矿石结构有自形—半自形粒状结构、压碎结构、固熔体分离结构、交代熔蚀结构等，矿石构造有块状构造、脉状构造、网状构造、角砾状构造、条带状构造、浸染状构造等。

玲珑金矿接替资源勘查工作起止时间为 2005～2009 年，主要在 175 号脉群、36 号脉群、玲珑断裂开展深部勘查，累计完成地表钻探 370m、坑探 4623m、坑内钻探 21820m。

3.9.2 实物地质资料采集

共采集 2 个钻孔岩矿心 1178.6m 及 30 块系列标本、2 块大标本。

3.9.2.1 岩矿心

选取 ZK95－32（孔深 483.6m）、ZK17－32（孔深 695m）两个钻孔，合计孔深 1178.6m，岩矿心长 1080m。这两个钻孔揭示矿区大规模的金属矿化，反映金属矿化有向深部延伸的趋势，表明深部存在巨大找矿潜力。2 个钻孔岩心采取率很高，深度较大，品位较高，为矿区内极具代表性的钻孔。

3.9.2.2 系列标本

在矿区采集各种典型类型的矿石标本、蚀变围岩标本、含矿岩系典型岩石标本 30 块（图 3.68 至图 3.71），标本规格大约 30cm×30cm×20cm，按技术要求进行编录，并绘制采样位置图，填写标本登记表。

图 3.68　石英脉型金矿石

图 3.69　绢英岩

图 3.70　石英脉 3a

图 3.71　绢英岩化硅化花岗岩

3.9.2.3 大标本

采集大型富矿石标本 3 块，规格 100cm×50cm×50cm（图 3.72）。

图 3.72　石英脉型金矿大标本

3.10　山东省莱州市新城金矿

3.10.1　概述

新城金矿床位于沂沭断裂带的东侧，胶东隆起区的西北部，栖霞复背斜的北翼，黄县－掖县弧形断裂带的南西段（即焦家断裂带上）。区内大部分被第四系覆盖。太古宇－新元古界胶东群富阳组分布在矿区西南部焦家断裂带的上盘，另有部分呈捕房体散布于黑云母花岗岩体中，胶东群与中生代的岩浆岩呈侵入接触或断层接触关系。区内岩浆岩为中生代燕山早期（侏罗纪）的郭家岭花岗闪长岩体和中生代印支晚期（三叠纪）的黑云母花岗岩体，俗称玲珑黑云母花岗岩体。区内构造主要是黄县－掖县弧形断裂带（焦家断裂带为其中的一段），沿北东方向展布，倾向北西，倾角 29°。新城金矿已探明大小矿体18 个，其中Ⅰ号、Ⅴ号矿体规模最大，占总储量的 98.62%。

新城金矿为典型的破碎带蚀变岩型金矿，分为黄铁绢英岩型（细脉浸染型）、细脉或网脉型含金矿化带。矿石类型有黄铁绢英岩化花岗闪长岩、黄铁绢英岩化花岗闪长质碎裂岩、黄铁绢英岩化似斑状花岗闪长岩、黄铁绢英岩化碎裂岩和绢英岩化花岗闪长质碎裂岩。矿石结构主要为晶粒结构，次有交代残余、压碎结构，少数有网脉状结构、固熔体分离结构。矿石构造主要为细脉浸染状构造，次为细脉状、网脉状构造。金平均品位 $(5.88 \sim 8.82) \times 10^{-6}$。

新城金矿接替资源勘查项目起止时间为 2007 年 12 月至 2010 年。采用地表钻探对 X号、Ⅰ号、Ⅴ号、Ⅸ号、Ⅺ号矿体深部开展普查工作。主要实物工作量为地表钻探 9400m。

图 3.73　ZK135－6 含金黄铁绢英岩质碎裂岩岩心

25. 断层角砾岩：灰白色，岩石受构造挤压裂压碎裂成角砾状，具有高岭土化蚀变。底部见有 2cm 厚灰黑色断层泥

26. 含黄铁绢英岩质碎裂岩：深黑色，碎裂结构，块状构造。主要矿物成分为斜长石、石英、次为绢云母、黄铁矿等，矿化较强，黄铁矿呈铜黄色，细粒-微粒浸染状或细脉状、局部富集成团块状，整体含量 2%~5%，岩石密度较大

27. 黄铁绢英岩化花岗闪长岩：浅灰黑色，鳞片花岗变晶结构，块状构造。主要矿物成分为斜长石、钾长石、石英，次为绢云母、绿泥石。局部钾长石呈大斑晶出现，黄铁矿呈铜黄色，自形-半自形中细粒-微细粒结构，呈浸染状、团块状、短脉状分布，矿化极不均匀

24	1025.80	1053.30	2750	26.80	97
25	1053.30	1055.64	2.34	2.20	94
26	1064.60	1061.32	5.68	5.10	90
27	1061.32	1068.92	7.60	6.40	84
28	1063.92	1070.39	1.58	1.20	87
29	1070.30	1076.50	6.23	5.60	90
30	1076.53	1078.00	1.47	1.30	38

设计的9个钻孔已全部竣工，累计完成工程量9687.20m，超额完成部署工作量。通过勘查工作，有6个钻孔见矿，见矿率为67%。初步估算可探获（333）资源量金金属量7860kg。

3.10.2 实物地质资料采集

共采集2个钻孔的全孔岩心及34块系列标本和3块大标本。

3.10.2.1 岩矿心

选取的2个钻孔岩心为ZK135-6、ZK175-18。ZK135-6钻孔（图3.73）：所在勘探线为135线，钻孔倾角90°，设计深度1130m，实际深度1174m。ZK175-18钻孔：所在勘探线48线，钻孔倾角90°，设计深度1030m，实际深度991.20m。

这2个钻孔见矿较好，能充分反映矿床主要地质特征和成矿特征；钻孔穿过主矿体；矿石类型多，品位较好；钻孔岩心包括多种类型矿化蚀变岩石及矿体顶底板和重要围岩；岩矿心采取率符合工艺要求。

3.10.2.2 系列标本

从-383m至-677m共采集系列标本34块（图3.74至图3.77）。

图3.74 浸染状黄铁绢英岩（一）

图3.75 浸染状黄铁绢英岩（二）

图3.76 黄铁绢英岩质碎裂岩（一）

图3.77 黄铁绢英岩质碎裂岩（二）

3.10.2.3 大标本

在157线和171线共采集了3块大型矿石标本（图3.78，图3.79）。

图 3.78　浸染状黄铁绢英岩型金矿石

图 3.79　细脉—网脉状黄铁绢英岩化花岗质碎裂岩型金矿石

3.11　山东省莱州市三山岛金矿

3.11.1　概述

三山岛金矿位于山东省莱州市北 32km，北、西面临渤海，东南面与陆地相连，是我

47	1616.40	1625.69	9.29	8.95	96		47. 二长花岗岩：灰白—浅肉红色，不等粒结构，块状构造。矿物成分主要为钾长石、斜长石、石英及少量黑云母、绢云母，局部具绢云母化，岩石裂隙较发育，本层与上层分界明显，岩心呈短柱状，且黄硅化，见有黄铁矿细脉分布，全品位为1.05%，为全矿体，编号为L3
48	1625.69	1645.70	20.01	19.74	98		48. 绢云母化二长花岗岩：浅绿色，不等粒结构，矿物成分主要为斜长石、钾长石、石英及少量黑云母，绢云母化分布不均匀，本层裂隙较发育，马上层岩石的接触面与绢云母化呈柱状，岩心呈柱状，鳞块状，1636.40—1040.20m绢云母化较弱
49	1645.70	1676.60	30.90	29.70	96		49. 绢英岩：浅绿色—灰黑色，不等粒结构，块状构造，矿物成分主要为长石、石英、绢云母及少量黑云母，绢岩化程度不一，强处呈灰黑色，局部见黄铁矿细脉，分布不均匀，岩心呈长、短柱状，局部破碎，1654.90-165.40cm处岩心呈玻璃，1650.73-1664.85m为金工业矿体，品位为(0.16-11.40)×10⁻⁵，编号为I-1，岩性为含黄铁矿绢英岩

图3.80 ZK56-4 绢英岩岩心

国唯一的滨海地下金矿。矿床位于沂沭大断裂东侧次一级断裂——三山岛断裂带内，属典型的破碎带蚀变岩型岩浆热液矿床。

矿石的主要金属矿物为黄铁矿，次为闪锌矿、方铅矿、黄铜矿、毒砂、磁黄铁矿、褐铁矿和磁铁矿等。主要非金属矿物为石英、绢云母、残余长石，次为碳酸盐类矿物。金矿物主要为银－金矿，次为自然金、金－银矿。其中黄铁矿为主要载金矿物，次为毒砂和石英。矿石中主要有用元素 Au，伴生有益元素 Ag、S、Cu、Pb、Zn 等，有害元素 As、Sb 等。

矿石结构主要为晶粒结构，次有交代残余、压碎结构，少数网脉状结构、固熔体分离结构。矿石构造主要为浸染状构造，次为细脉浸染状、角砾状、细脉状。

该矿床是较早发现的破碎带蚀变岩型特大型金矿床，矿床硫平均含量为 3.79%，属低硫型金矿石。矿石自然类型均为原生矿石。

三山岛金矿危机矿山接替资源勘查项目起止时间为 2006～2009 年。经过 3 年时间的勘查，共施工钻孔 12 个，完成钻探 15693.40m，基本查清了矿区金矿 －600m 至 －2000m 矿体的形态、产状、厚度和品位变化情况。其中 ZK56－4 竣工深度 2060.5m，创造了当时小口径钻探单孔进尺深度的全国纪录。该钻孔不仅在 －1652m 见到了主矿体，而且在 －1954m 处见到新的盲矿体，实现了金矿攻深找盲及深部钻探施工工艺技术的两大突破。该项目累计探获金金属量 60.436t，伴生银金属量 122.126t，新增资源量潜在经济价值 120 亿元，相当于找到了一个特大型金矿，为胶东深部找矿提供了新方向，使资源危机严重的老矿山重新焕发了青春，取得了显著的经济效益和社会效益。山东省莱州市三山岛金矿接替资源勘查项目入选 2010 年度中国十大地质找矿成果。

3.11.2 实物地质资料采集

共采集 2 个钻孔的全孔岩心及 37 块系列标本和 2 块大标本。

3.11.2.1 岩矿心

选取的 2 个钻孔岩心为 ZK56－4、ZK48－3。ZK56－4 采集全孔岩心（图 3.80，图 3.81），所在勘探线为 56 线，钻孔倾角 90°，设计深度 1820m，实际深度 2060.50m。ZK48－3 采集全孔岩心，所在勘探线为 48 线，钻孔倾角 90°，设计深度 1300m，实际深度 1370.50m。

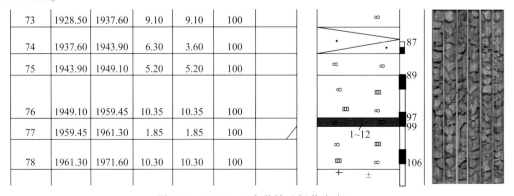

图 3.81　ZK56－4 含黄铁矿绢英岩岩心

这 2 个钻孔见矿较好，能充分反映矿床主要地质特征和成矿特征；钻孔穿过主矿体；矿石类型多样，品位较好；岩心包括各种类型矿化蚀变岩石及矿体顶底板和重要围岩；岩矿心采取率高。

3.11.2.2 系列标本

从 −540m 至 −600m 共采集系列标本 37 块（图 3.82 至图 3.85）。

图 3.82 弱黄铁矿化绢英化碎裂岩

图 3.83 黄铁绢英岩化花岗质碎裂岩

图 3.84 黄铁绢英岩化花岗质碎裂岩

图 3.85 黄铁绢英岩

3.11.2.3 大标本

针对矿床主要开采矿种，并根据矿山方面的实际情况，在 −420m 和 −510m 中段各采集了 1 块大型矿石标本（图 3.86，图 3.87）。

3.12 河南省嵩县祁雨沟金矿

3.12.1 概述

金矿位于华北克拉通南缘的熊耳地体，是典型的爆破角砾岩型金矿。矿床赋存于角砾岩体中，并严格受其控制。矿床类型为次火山 − 热液型金矿床。金矿化主要发生于胶结物中。主要矿石类型为爆破角砾岩和脉状细粒交代石英岩。

矿石呈巨大的角砾状结构，块状构造。角砾成分主要为片麻岩、黑云斜长片麻岩、混

图 3.86　细脉—网脉状黄铁绢英岩化碎裂岩型金矿石

图 3.87　浸染状黄铁绢英岩化碎裂岩型金矿石

合片麻岩以及石英正长斑岩。角砾大小为 5~40cm，一般 15~30cm。石英、长石、黄铁矿和自然金等以脉状细粒晶体或团块充填于角砾之间，常见绿帘石化、碳酸盐化、绿泥石化。含金品位 $(0.45~4.65) \times 10^{-6}$。

危机矿山勘查工作起止时间为 2007~2010 年。主要采用地表钻探和坑探结合的手段，对 J4、J7、J10 角砾岩体深部开展普查，对上胡沟、乱石盘地区采用物探和少量工程验证开展预查。

J10 角砾岩体共施工两个钻孔，部分地段见团块状黄铁矿化，矿化较弱，两个钻孔 Au、Mo 元素均未达到边界品位。

J7 角砾岩体施工 7 个钻孔，见矿钻孔 4 个，共圈出 15 个金矿体，其中工业矿体 10 个，低品位矿体 5 个（图 3.88）。

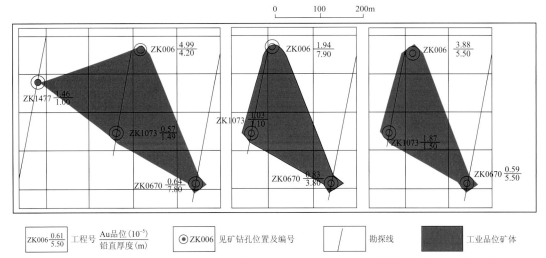

图 3.88 嵩县祁雨沟金矿区 J7 角砾岩体 7–3、7–8、7–15 金矿体资源量估算水平投影图

J4 角砾岩体 310 中段施工 4 个坑内钻孔，均见矿，共圈出 17 个金矿体，其中工业矿体 5 个，低品位矿体 12 个。

勘查工作共求得（333）类矿石量 3388873t，金金属量 5151.2kg，平均品位 1.52×10^{-6}。其中，工业品位矿石（333）类矿石量 2582031t，金金属量 4389kg，平均品位 1.70×10^{-6}；低品位矿石（333）类矿石量 806842t，金金属量 798kg，平均品位 0.94×10^{-6}。

3.12.2 实物地质资料采集

采集 ZK0743 和 ZK006 两个钻孔的岩心总长 649.16m，采集系列标本 20 块、大型标本 1 块。

两个钻孔揭露岩性为角砾岩，从上至下为：片麻岩为主的角砾岩，黑云斜长片麻岩为

图 3.89 石英黄铁矿型金矿石（角砾状构造）

主的角砾岩，混合片麻岩为主的角砾岩，次为石英正长斑岩角砾岩。常见石英黄铁矿脉分布，见绿帘石化、碳酸盐化、绿泥石化。黄铁矿呈团块状和细脉状。

系列标本类型为石英黄铁矿型金矿石、石英多金属硫化物型金矿石、多金属硫化物型金矿石、黄铁矿型金矿石等。

大型标本为典型的石英黄铁矿型金矿石，角砾构造明显，见黄铁矿呈团块状分布（图3.89至图3.91）。

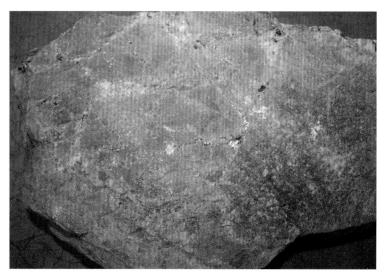

图3.90　石英黄铁矿型金矿石（细脉及网脉状构造）

图3.91　石英黄铁矿黄铜矿型金矿石（浸染状构造）

附：危机矿山接替资源勘查专项实物地质资料采集成果汇总表

矿种	矿床类型	项目名称	实物地质资料			
			钻孔数个	岩心长度 m	标本块	大型标本块
铁矿	沉积变质型	辽宁省辽阳市弓长岭铁矿接替资源勘查	2	1503.68		
		河北省迁安市首钢迁安铁矿接替资源勘查	3	1829.51		
		辽宁省鞍山市碰子山铁矿接替资源勘查	2	750	50	1
		海南省昌江县石碌铁矿接替资源勘查	3	1541.5	30	1
		江西省新余市良山铁矿接替资源勘查	2	976.73	30	
	矽卡岩型	湖北省大冶市铁山铁矿接替资源勘查	5	1852.52	32	2
		湖北省大冶市金山店铁矿接替资源勘查	2	2032.95		1
		江苏省徐州市利国铁矿接替资源勘查	3	1726.42	46	2
		安徽省繁昌县桃冲铁矿接替资源勘查	1	488.9	12	1
		江苏省镇江市韦岗铁矿接替资源勘查	2	1233.27		1
	层控改造型	四川省会东县满银沟铁矿接替资源勘查	2	1119.07	25	1
	海相火山侵入型	云南省禄丰县鹅头厂铁矿接替资源勘查	2	1527.59	37	1
	陆相火山热液型	安徽省马鞍山市和尚桥铁矿接替资源勘查	3	950.87	5	
		江苏省南京市梅山铁矿接替资源勘查	2	1100.3	40	
	岩浆热液型	湖南省郴州市玛瑙山铁锰多金属矿接替资源勘查	2	850.84	74	
	岩浆晚期贯入型	河北省承德市黑山铁矿接替资源勘查	2	390.12	30	1
	喷流沉积－区域变质－热液交代多成因叠加型	新疆富蕴县蒙库铁矿接替资源勘查	4	1300.97		
铜矿	沉积变质型	辽宁省抚顺市红透山铜锌矿接替资源勘查	3	2046.5	12	1
		四川省九龙县里伍铜矿接替资源勘查	3	1506.71	24	1
	陆相砂岩沉积型	云南省大姚县六苴铜矿接替资源勘查	6	1733.94	10	
	矽卡岩型	湖北省大冶市鸡冠嘴铜金矿接替资源勘查	1	776	30	2
		湖北省大冶市铜录山铜矿接替资源勘查	2	1603	30	1
		湖北省阳新县丰山铜金矿接替资源勘查	2	1459.49	31	1
		安徽省铜陵市凤凰山铜矿接替资源勘查	2	1039.06	18	1
		安徽省铜陵市金口岭铜矿接替资源勘查	1	867.07	12	4

矿种	矿床类型	项目名称	实物地质资料			
			钻孔数 个	岩心长度 m	标本 块	大型标本 块
铜矿	矽卡岩型	云南省个旧市老厂东铜锡矿接替资源勘查	2	739.96		
		安徽省铜陵市铜山铜矿接替资源勘查	2	1757.37	86	2
		山西省垣曲县胡家峪铜矿接替资源勘查	2	1041.25	21	
	海相沉积改造型	云南省昆明市东川铜矿接替资源勘查（因民矿区）	2	674.44	7	1
		云南省昆明市东川铜矿接替资源勘查（滥泥坪矿区）	2	798	30	1
		云南省易门县狮子山铜矿接替资源勘查	3	1499.02	30	5
		云南省易门县易门矿区三家厂铜矿接替资源勘查	4	1938.81	34	
	陆相砂岩沉积型	云南省牟定县郝家河铜矿接替资源勘查	2	1447.98	30	2
	岩浆热液型	陕西省柞水县银硐子铜铅银金金属矿接替资源勘查			31	1
	矽卡岩型	安徽省铜陵市安庆铜矿接替资源勘查	2	382.64	42	2
		广东省阳春市石菉铜钼矿接替资源勘查	3	1500		
		云南省个旧市大箐东铜锡矿接替资源勘查	6	1078.44	14	1
	火山热液沉积型	云南省个旧市大白岩铜锡矿接替资源勘查	1	137.74		
	海底火山喷流沉积－变质热液改造型（火山岩黄铁矿型）	青海省兴海县赛什塘铜矿接替资源勘查	2	1360.58	44	5
	陆相火山气液型	江西省德兴市银山铜铅锌矿接替资源勘查	4	2626.9	25	1
	岩浆热液型	内蒙古自治区四子王旗白乃庙铜矿接替资源勘查	3	1034.95	40	4
	岩浆熔离型	新疆维吾尔自治区富蕴县喀拉通克铜镍矿接替资源勘查	2	663.85	20	2
金矿	岩浆热液型（石英脉型）	山东省招远市玲珑金矿接替资源勘查	2	1178.6	30	3
		河南省灵宝市秦岭金矿接替资源勘查	1	1051.7	30	2
		山东省招远市金翅岭金矿接替资源勘查	4	2156.55	20	2
		山东省烟台市牟平区邓格庄金矿接替资源勘查	2	1108.47	50	1
		吉林省桦甸市夹皮沟金矿接替资源勘查	3	1202.3	16	2
		内蒙古包头市哈达门－乌拉山接替资源勘查	5	1600	36	2
	岩浆热液型（钠长角砾岩型）	陕西省太白县太白金矿接替资源勘查	3	786.4	30	2

矿种	矿床类型	项目名称	实物地质资料			
			钻孔数 个	岩心长度 m	标本块	大型标本块
金矿	岩浆热液型 （破碎蚀变岩型）	河南省灵宝市大湖金矿接替资源勘查	2	783.11	20	
		河南省灵宝市灵湖金矿接替资源勘查	1	140.82	20	4
		山东省莱州市新城金矿接替资源勘查	2	2165.2	34	3
		山东省莱州市三山岛金矿接替资源勘查	2	3431	37	2
		陕西省略阳县铧厂沟金矿接替资源勘查	3	639.55	30	1
		河南省洛宁县上宫金矿接替资源勘查	2	1236.61		1
		广西贺州龙水金矿接替资源勘查	2	1518.65	30	
	热液型（微细浸染型）	四川省九寨沟县马脑壳接替资源勘查			26	
		陕西省凤县庞家河金矿接替资源勘查	2	100	30	1
		贵州省安龙县戈塘金矿接替资源勘查			41	1
	岩浆热液型	河南省桐柏县银洞坡金矿接替资源勘查	3	1788.96	26	2
		湖南省平江县黄金洞金矿接替资源勘查	2	1084.26	26	1
		陕西省洛南县陈耳金矿接替资源勘查	2	882.6	30	1
		甘肃省玛曲县格尔珂金矿接替资源勘查	2	1104.69		
		甘肃省安西县花牛山金银铅锌矿接替资源勘查			67	
		湖南省沅陵县沃溪金锑钨矿接替资源勘查			51	
		辽宁省凤城市白云金矿接替资源勘查	2	856.4	31	
		新疆哈巴河县多拉纳萨依金矿接替资源勘查			30	3
	矽卡岩型	安徽省铜陵市天马山金矿接替资源勘查	2	675.06	49	1
	次火山热液型	河南省嵩县祁雨沟金矿接替资源勘查			20	1
	韧性剪切带型	黑龙江省宝清县老柞山金矿接替资源勘查	2	857.25	34	2
		江西省德兴市金山金矿接替资源勘查	4	1872.43	11	1
		辽宁省阜新市排山楼金矿接替资源勘查	1	773.21	10	3
铅锌矿	中低温热液充填型	山西省灵丘县支家地铅锌银矿接替资源勘查	3	946	29	4
	矽卡岩型	广西岑溪市佛子冲铅锌矿接替资源勘查	2	778.57	20	1
		湖南省桂阳县黄沙坪铅锌矿接替资源勘查	2	1690.4	189	3
		湖南省衡阳市康家湾铅锌金银矿接替资源勘查	2	992.75	99	3
		湖南省桂阳县宝山铅锌银矿接替资源勘查	2	1187.1	109	2
		湖南省郴州市东坡铅锌矿接替资源勘查	3	1537.52	62	2
	岩浆热液＋斑岩型	云南省澜沧县澜沧铅矿接替资源勘查	2	1829.85	60	2

矿种	矿床类型	项目名称	实物地质资料			
			钻孔数个	岩心长度 m	标本块	大型标本块
铅锌矿	岩浆热液型	福建省漳平洛阳铅锌铁多金属矿接替资源勘查	2	572.23	40	2
		云南省龙陵勐糯铅锌矿接替资源勘查	2	1051.00	32	1
		辽宁省凤城市青城子铅锌矿接替资源勘查	1	802.2	74	1
		江苏省南京市栖霞山铅锌矿接替资源勘查	2	544.63	62	3
	海相沉积改造型	广东省韶关市凡口铅锌矿接替资源勘查	3	2291.95	30	4
钨	岩浆热液型（石英脉型）	湖南省宜章县瑶岗仙钨矿接替资源勘查	4	1903.94	30	
		江西省大余县西华山钨矿接替资源勘查	3	1585.04	30	3
		江西省定南县岿美山钨矿接替资源勘查	4	1701.96	30	2
		江西省兴国县画眉坳钨矿接替资源勘查	3	1089.6	36	2
		江西省安福县浒坑钨矿接替资源勘查	2	1416.2	40	1
		江西省大余县荡坪钨矿接替资源勘查	4	1349.49	64	2
		广西钟山县珊瑚钨锡矿接替资源勘查	3	1814	30	1
		广东省始兴县石人嶂钨矿接替资源勘查			60	4
磷	沉积型	湖北省宜昌市樟村坪磷矿接替资源勘查	3	2857.72	20	2
		贵州省息烽县息烽磷矿接替资源勘查			35	5
	沉积变质型	江苏省连云港市新浦磷矿接替资源勘查	2	979.15	30	
		湖北省荆门市放马山磷矿接替资源勘查	2	1226.59		1
		江苏省连云港市锦屏磷矿接替资源勘查	4	660.94	101	3
锰	沉积型	云南省鹤庆县鹤庆锰矿接替资源勘查			7	
		湖南省湘潭市湘潭锰矿接替资源勘查	2	1128.82	57	2
	沉积变质型	陕西省汉中市宁强锰矿接替资源勘查			72	2
		陕西省汉中市天台山锰矿接替资源勘查	1	184.03	30	2
锑	岩浆热液型	贵州省独山县半坡锑矿接替资源勘查			42	2
		贵州省晴隆县晴隆锑矿接替资源勘查	5	805.43	30	2
		湖南省冷水江市锡矿山锑矿接替资源勘查	2	1265.63	29	1
		湖南省安化县渣滓溪锑（钨）矿接替资源勘查	2	563.36	31	1
	热液型	湖南省新邵县龙山锑金矿接替资源勘查	2	1020.27	40	2
锡	岩浆热液型	广西南丹县铜坑锡矿接替资源勘查	2	1265.33	31	
	岩浆热液型	广西恭城县栗木锡矿接替资源勘查	3	1378.22		
铬	岩浆型	西藏自治区曲松县罗布莎铬铁矿接替资源勘查	2	518.88	18	4
铝	沉积型	河南省偃师市夹沟铝土矿接替资源勘查				1

矿种	矿床类型	项目名称	实物地质资料			
			钻孔数 个	岩心长度 m	标本 块	大型标本 块
钼	斑岩型	广东省韶关市大宝山钼多金属矿接替资源勘查	2	1189.85	44	2
稀有金属	伟晶岩型	新疆维吾尔自治区富蕴县可可托海稀有金属矿接替资源勘查	2	973.19		2
镍	岩浆熔离贯入型	吉林省磐石市红旗岭镍矿接替资源勘查	2	1970.1	100	
银	热液脉型	内蒙古自治区赤峰市大井银铜矿接替资源勘查	2	1182.47	30	2
	夕卡岩型	山西省灵丘县刁泉银铜矿接替资源勘查	1	342	21	2
石墨	沉积变质型	黑龙江省穆棱市中兴石墨矿接替资源勘查	4	990	20	1